為全家大小設計的四季點心

163道五星級創意甜點

橫田秀夫　著

Contents

若想在小規模的咖啡館或餐廳中製作出美味的甜點，研發充滿創意的食譜，以及色彩繽紛的擺盤裝飾就是關鍵所在。此外，為了快速提供餐點給客人，有效率的製作過程也很重要。

本書介紹超多創意甜點，從極簡易的單品到需要稍微花功夫的精緻點心，163道食譜都能滿足各位的需求。只要製作食譜中的任何一個甜點配料，靈活運用就能製作出另一道點心，還能隨意加入市售的各種食品材料，使用的彈性範圍大就是本書的最大特色。

舉例來說，果醬是一種同時含有甜味及水果酸味的食材，由於近幾年來出現一股熱門風潮，因此市售商品的種類也很豐富。既然如此，實在沒有理由不好好利用這種現成的材料。果醬不但可以混入冰淇淋中，還能摻入蘇打製成飲料等，利用價值非常大。

希望在我製作點心的長年經驗中所獲得的創意點子，都能對各位有所幫助。

菓子工房Oakwood
橫田秀夫

製作之前
- 事先將粉類或粉糖過篩（包括材料欄中括弧內所註明的分量）。
- 先將吉利丁泡在冷水中至泡脹。
- 若沒有特別註明，請使用乳脂成分38%的鮮奶油。而混入慕斯或用來製作香緹鮮奶油時，則必須使用乳脂成分45%的種類。
- 書中標記的水果分量，是指去皮或種子之後的淨重。
- 書中所記載的烤箱溫度及時間，是指使用自然循環式烤箱的情況。若使用熱風循環式烤箱（強迫對流式），請將書中的設定溫度降低10℃。
- 用於各種點心的配料應事先準備好，且分別整理成立刻就能擺盤使用的狀態（如右側照片所示）。

簡單的冰淇淋甜點

香草冰淇淋
＋
核桃焦糖醬
＋
煙捲餅杯

香草冰淇淋
＋
鳳梨薄片
＋
芒果百香果醬

香草冰淇淋
＋
蘋果醬
＋
蘋果片

簡單的冰淇淋甜點

✤ 在冰淇淋上添加配料製成甜點，擺盤的重點就是冰淇淋的組合和多樣化的擺飾。

✤ 使用市面上販售的冰淇淋也OK，利用家庭冰淇淋製造機，則可簡單製作少量的冰淇淋。

✤ 1人份的冰淇淋標準分量約為50g。

◆ 把冰淇淋舀成雞蛋狀

❶ 準備大湯匙、熱開水。
❷ 從冷凍庫取出冰淇淋，攪拌直到冰淇淋稍微變軟為止。
❸ 將湯匙沾熱開水加溫，斜插入冰淇淋中，舀出雞蛋的形狀。
❹ 讓冰淇淋順勢從湯匙滑出，擺在盤子上。

◆ 製作香草冰淇淋

材料 約60人份
- 牛奶　1400g
- 鮮奶油　600g
- 香草棒　2根
- 蛋黃　450g
- 砂糖　380g
- 海藻糖　200g

＊ 海藻糖（Trehalose）是近年來在糕點業界常見的一種天然甜味料。用於搭配冰淇淋，會使冰淇淋的口感吃起來更滑順。另外，即使在冷凍狀態下也可輕易以湯匙舀起盛裝。由於海藻糖的甜度只有砂糖的45%，若改用砂糖時就必須將分量減半。

❶ 將牛奶、鮮奶油、切好的香草棒一起煮沸。
❷ 以打蛋器將蛋黃、砂糖和海藻糖充分攪拌均勻。
❸ 在②中加入①混勻，倒回鍋裡。開中火，一邊攪拌一邊煮至83℃，直到呈現法式香草醬（Crème anglaise）的濃稠狀。
❹ 以濾網過篩，並隔著冰水冷卻。
❺ 將④倒入冰淇淋機中製成冰淇淋。
＊ 若要混入醬料，請在冰淇淋剛完成時加入。
＊ ③的83℃可讓雞蛋加熱殺菌又不至於煮得太硬。

香草冰淇淋
＋核桃焦糖醬
＋煙捲餅杯

簡單又充滿魅力的擺盤組合

材料
煙捲餅杯
煙捲麵糊（Pâte à cigarette）
　　　（→P.141） 適量
核桃焦糖醬　約8人份
核桃　25g
砂糖　50g
鮮奶油　70g
蘭姆葡萄乾（→P. 147） 20g
最終裝飾
香草冰淇淋　適量

煙捲餅杯
❶ 在模具內將煙捲麵糊推成直徑13cm的圓形。
（請準備市售的不鏽鋼模具、或利用厚1至2mm
的塑膠板製成直徑13cm的圓圈狀。模具放在烘
焙紙上，以抹刀將麵糊少量地在模具內推開塗
成薄片，最後拆掉模具。）
❷ 在180℃的烤箱內烘烤8至12分鐘，烤出焦黃
色。
❸ 烤好時，餅皮立即鋪在直徑13cm的碗裡製成杯
子造型。

核桃焦糖醬
❶ 核桃放入180℃的烤箱內烘烤約15分鐘。
❷ 以中火煮砂糖使之溶解，當煮出泡沫時關火，慢
慢加入鮮奶油，再加入①的核桃、蘭姆葡萄乾。

最終裝飾
❶ 將煙捲餅杯放在盤子上，以冰淇淋勺將香草冰淇
淋盛裝在杯裡，並淋上熱核桃焦糖醬。

香草冰淇淋
＋鳳梨薄片
＋芒果百香果醬

以鳳梨、芒果、百香果呈現熱帶風情

材料
鳳梨　適量
香草冰淇淋　適量
芒果百香果醬（→P.138） 適量

❶ 鳳梨去芯後切成2mm厚的圓薄片，再切成4等
份。
❷ 盤子上先鋪3片①的鳳梨片，再將香草冰淇淋舀
成雞蛋狀盛裝在盤子上，最後淋上芒果百香果醬
即可。

香草冰淇淋
＋蘋果醬
＋蘋果片

果醬細切後當醬汁使用

材料
蘋果醬　適量
香草冰淇淋　適量
蘋果片（→P.140） 2片／1人份

❶ 利用刀子將蘋果醬剁到仍保留一點碎果肉的程
度。
❷ 把①的蘋果醬在盤子上鋪成圓形，再擺上香草冰
淇淋，最後在上面插蘋果片裝飾。

香草冰淇淋
＋
抹茶碎餅
＋
抹茶白巧克力醬

香草冰淇淋
＋
糖漬黑櫻桃

香草冰淇淋
＋
糖漬漿果

巧克力冰淇淋
＋
巧克力奶油酥餅
＋
巧克力醬

香草冰淇淋
＋抹茶碎餅
＋抹茶白巧克力醬

不論是淋醬或裝飾用的奶油酥餅都以抹茶製成

材料
香草冰淇淋　適量
抹茶碎餅（→P.142）　適量
抹茶白巧克力醬（→P.139）　適量

❶ 以冰淇淋勺將香草冰淇淋舀入容器內。
❷ 擺上抹茶碎餅，再淋抹茶白巧克力醬。

香草冰淇淋
＋糖漬黑櫻桃

黑櫻桃的酸味恰到好處

材料　4人份
香草冰淇淋　適量
糖漬黑櫻桃（→P.140）　6顆／1人份

❶ 以冰淇淋勺將香草冰淇淋舀入容器內。
❷ 將糖漬黑櫻桃連同醬汁盛放在四周。
＊ 糖漬黑櫻桃不論是冰鎮或加熱後盛放均可。

香草冰淇淋
＋糖漬漿果

為冰淇淋添加糖漬漿果

材料
糖漬漿果（→P.140）　適量
薄荷葉　適量
香草冰淇淋　適量

❶ 將糖漬漿果裝在小器皿內，並裝飾幾片薄荷葉。
❷ 以另一個器皿盛裝香草冰淇淋。

巧克力冰淇淋
＋巧克力奶油酥餅
＋巧克力醬

風味濃厚的簡單巧克力甜點

材料
巧克力冰淇淋　適量
巧克力奶油酥餅（Chocolate Sablé）
　　　　　　　　（→P.142）　適量
巧克力醬（→P.139）　適量
開心果　2顆／1人份

❶ 以冰淇淋勺將冰淇淋盛裝在器皿裡。
❷ 鋪上剝成大碎塊的巧克力奶油酥餅，並淋上巧克力醬，最後以對半切的開心果裝飾。

◆ 製作巧克力冰淇淋

材料　約60人份
┌ 牛奶　1500g
└ 鮮奶油　500g
┌ 可可粉　100g
└ 砂糖　100g
可可塊（Cocoa Mass）　200g
轉化糖（Invert Sugar）　150g
┌ 蛋黃　385g
└ 砂糖　240g

❶ 將牛奶和鮮奶油一起煮沸。
❷ 將可可粉與砂糖混合，慢慢加入①中混勻。
❸ 在②中慢慢加入切碎的可可塊攪拌均勻，再加入轉化糖並混勻。
❹ 將蛋黃和砂糖攪拌均勻，加入③中混合，然後倒進①的鍋子裡。
❺ 鍋子置於中火上，一邊攪拌一邊煮至83℃，直到呈現法式香草醬的濃稠狀。
❻ 以濾網過篩，並隔著冰水冷卻。
❼ 倒入冰淇淋機中製成冰淇淋。
＊⑤的83℃可讓雞蛋加熱殺菌又不會煮得太硬。

巧克力冰淇淋＋蘭姆酒
＋
焦糖香蕉
＋
法式香草醬

香草冰淇淋＋抹茶醬
＋
煙捲貝殼餅＋紅豆

香草冰淇淋＋蘋果白蘭地
＋
嫩煎蘋果

香草冰淇淋＋百香果香甜酒
＋嫩煎鳳梨
＋碎杏仁煙捲餅

冰淇淋＋醬料・酒類

香草冰淇淋＋黑芝麻醬
＋黑芝麻煙捲餅＋法式香草醬

香草冰淇淋
＋開心果醬
＋開心果餅底脆皮

香草冰淇淋
＋榛果醬
＋榛果餅底脆皮

冰淇淋
＋醬料·酒類

✧ 在冰淇淋中混入堅果製成的醬料或酒類，製成簡單的調配。

✧ 市面上也有販售現成的高品質冰淇淋及各種醬料，請盡量加以運用。

✧ 若自製冰淇淋可直接使用，因為剛完成的冰淇淋質地很柔軟。而使用市售品時，則必須暫時放在室溫下變軟攪勻後再使用。

✧ 自製香草冰淇淋→請參閱P.10；自製巧克力冰淇淋→請參閱P.15。

巧克力冰淇淋＋蘭姆酒
＋焦糖香蕉
＋法式香草醬

把和巧克力很對味的香蕉製成焦糖口味

材料
巧克力蘭姆酒冰淇淋
巧克力冰淇淋　適量
深色蘭姆酒　分量為冰淇淋的3%
焦糖香蕉
香蕉　切成1cm厚的一口大小　5片／1人份
砂糖　適量
最終裝飾
法式香草醬（→P.138）　適量

巧克力蘭姆冰淇淋
❶ 將巧克力冰淇淋與深色蘭姆酒混合。

焦糖香蕉
❶ 香蕉剝去外皮，切成1cm的厚度。上面撒砂糖，以瓦斯噴槍燒烤成焦糖狀。

最終裝飾
❶ 將5片焦糖香蕉排在盤子上，以冰淇淋勺將巧克力蘭姆冰淇淋盛放在中央的香蕉上，而其他香蕉片則淋上法式香草醬裝飾。

香草冰淇淋＋蘋果白蘭地
＋嫩煎蘋果

端上桌前才以嫩煎方式煎熱蘋果，要趁熱品嚐

材料
蘋果白蘭地冰淇淋
香草冰淇淋　適量
蘋果白蘭地（Calvados）　分量為冰淇淋的5%
嫩煎蘋果　3人份
蘋果（紅玉）　1顆　　砂糖　15g
澄清奶油（酥油）（→P.147）　10g

蘋果白蘭地冰淇淋
❶ 將香草冰淇淋和蘋果白蘭地混合均勻。

嫩煎蘋果
❶ 蘋果去皮，切成12等份的瓣狀，並去除果核。
❷ 澄清奶油和砂糖倒入平底鍋，以中火煮至冒泡時，加入①的蘋果煎至熟軟。

最終裝飾
❶ 盤子上排好4片嫩煎蘋果，附上一球雞蛋狀的蘋果白蘭地冰淇淋。

香草冰淇淋＋抹茶醬
＋煙捲貝殼餅＋紅豆

將煙捲麵糊製成貝殼形狀的盛裝器皿

材料
抹茶冰淇淋
香草冰淇淋　適量
抹茶醬（下列的A）　分量為冰淇淋的7%
A ┌ 抹茶粉　10g　　砂糖　10g
　└ 熱開水　20g
煙捲貝殼餅
煙捲麵糊（→P.141）　適量
最終裝飾
大納言紅豆（甘納豆）　適量
＊甘納豆是在烹煮過程中保留紅豆的完整外形，並以蜂蜜醃漬而製成的食品。

抹茶冰淇淋
❶ 將A的抹茶粉與砂糖混勻後，加入熱開水混勻製成抹茶醬。
❷ 將香草冰淇淋與①混合均勻。

煙捲貝殼餅
❶ 在模具內將煙捲麵糊推成直徑6cm的圓形。（請準備市售的不鏽鋼模具、或利用厚1至2mm的塑膠板製成直徑6cm的圓圈狀。模具放在烘焙紙上，以抹刀將麵糊少量地在模具內推開塗成薄片，最後拆掉模具。）
❷ 在180℃的烤箱中烘烤8至10分鐘，烤好立刻整個鋪進貝型模具（也可使用真正的貝殼），一邊印壓出貝殼花紋並塑成小碟子的形狀。

最終裝飾
❶ 以冰淇淋勺將抹茶冰淇淋盛裝在煙捲貝殼餅裡，上面覆蓋另一片煙捲貝殼餅。旁邊則以大納言紅豆裝飾。

香草冰淇淋＋百香果香甜酒
＋嫩煎鳳梨
＋碎杏仁煙捲餅

以嫩煎的溫度溶化冰淇淋後製成醬汁

材料
香草百香果冰淇淋
香草冰淇淋　適量
百香果香甜酒（Passion Liqueur）
　　分量為冰淇淋的3%
碎杏仁煙捲餅
煙捲麵糊（→P.141）　適量
碎杏仁粒　適量
嫩煎鳳梨　5人份
鳳梨　150g
砂糖　15g
澄清奶油（→P.147）　10g
柳橙汁　50g
香草棒　¼根

香草百香果冰淇淋
❶ 將香草冰淇淋與百香果香甜酒混合。

碎杏仁煙捲餅
❶ 將煙捲麵糊在模具內推開。（參照P.16的照片，準備厚1至2mm的塑膠板製成模具。把模具放在烘焙紙上，以抹刀將麵糊少量地在模具內推開塗成薄片，最後拆掉模具。）
❷ 麵糊邊緣撒上碎杏仁粒，放入180℃的烤箱中烤8至10分鐘。

嫩煎鳳梨
❶ 鳳梨去芯後切成2mm厚的圓片，再切成4等份。
❷ 以中火將砂糖和澄清奶油煮成焦糖狀，接著倒入柳橙汁及切開的香草棒，最後加入①的鳳梨片煎至熟軟為止。

最終裝飾
❶ 將3片煎好的鳳梨片排在盤子上，以冰淇淋勺將香草百香果冰淇淋擺在鳳梨片上，再插一片碎杏仁煙捲餅。

香草冰淇淋＋黑芝麻醬
＋黑芝麻煙捲餅
＋法式香草醬

不論冰淇淋或煙捲餅都是黑芝麻口味

材料
黑芝麻冰淇淋
香草冰淇淋　適量
黑芝麻醬　分量為冰淇淋的20%
黑芝麻煙捲麵糊
煙捲麵糊（→P.141）　適量
黑芝麻　適量
最終裝飾
法式香草醬（→P.138）　適量

黑芝麻冰淇淋
❶ 將香草冰淇淋與黑芝麻醬混合均勻。

黑芝麻煙捲餅
❶ 將一半分量的煙捲麵糊倒入12cm×1.5cm的模具中推勻。（請準備市售的不鏽鋼模具、或利用厚1至2mm的塑膠板製成12cm×1.5cm的長方形。模具放在烘焙紙上，以抹刀將麵糊少量地在模具內推開塗成薄片，最後拆掉模具。）剩下的麵團推成大薄片，分別撒上黑芝麻。
❷ 放入180℃的烤箱中烤8至10分鐘。
❸ 將12cm×1.5cm的煙捲餅趁熱捲在筒狀物上製成螺旋外型，大薄片狀的煙捲餅冷卻後切成適當的大小。

最終裝飾
❶ 大薄片狀的煙捲餅擺在盤子上，接著舀一球雞蛋狀的黑芝麻冰淇淋，最上面以螺旋狀的煙捲餅裝飾，並在盤子的兩側擠上圓點狀的法式香草醬。

香草冰淇淋＋開心果醬
＋開心果餅底脆皮

以市售的現成餅底脆皮和堅果作出香脆的口感

材料
開心果冰淇淋
香草冰淇淋　適量
開心果醬（烤過）　分量為冰淇淋20%
最終裝飾
開心果餅底脆皮（Pâte à foncer）（→P.142）　適量

開心果冰淇淋
❶ 將香草冰淇淋與開心果醬混合均勻。

最終裝飾
❶ 盤子上擺一片開心果餅底脆皮，以冰淇淋勺將開心果冰淇淋盛裝在餅皮上，再覆蓋另一片開心果餅底脆皮。

香草冰淇淋＋榛果醬
＋榛果餅底脆皮

材料
榛果冰淇淋
香草冰淇淋　適量
榛果醬　分量為冰淇淋20%（烤過）
最終裝飾
榛果餅底脆皮（→P.142）　適量

榛果冰淇淋
❶ 將香草冰淇淋與榛果醬混合均勻。

最終裝飾
❶ 盤子上擺一片榛果餅底脆皮，以冰淇淋勺將榛果冰淇淋盛裝在餅皮上，再覆蓋另一片榛果餅底脆皮。

雪酪・冰沙

柳橙冰沙
+
糖漬柳橙皮

葡萄冰沙
+
巨峰葡萄

荔枝冰沙
+
椰果

草莓茴香酒雪酪
＋
草莓片

西洋梨雪酪
＋
紅酒糖煮無花果

番茄冰沙＋小番茄
＋
紅胡椒煙捲餅
＋
黑胡椒

葡萄柚冰沙
＋
金巴利酒覆盆子

日本大石李雪酪
＋
覆盆子法式棉花糖

咖啡冰沙
＋
卡士達醬

雪酪・冰沙

❖ 以冰淇淋機製作雪酪,吃起來口感滑順又有點黏Q。

❖ 冰沙必須每隔30分鐘從冰箱中取出來以打蛋器攪打,所以吃起來會像刨冰一樣有沙沙的聲響。

❖ 雪酪或冰沙的好吃祕訣,就在於材料中的水果原汁。重點是不斷地試味道,並以砂糖和水來調整口味。

❖ 加入海藻糖(→P.10)或海樂糖(Hallodex,麥芽糖的一種),可讓結凍後的冰沙變得更柔滑。尤其是海樂糖帶有黏性,若希望雪酪呈現潤滑順口、或想減少冰沙的糖分卻又不希望凍得太硬時,就可加入海樂糖。

❖ 雪酪、冰沙的標準一人份是50g。

柳橙冰沙＋糖漬柳橙皮

充滿柳橙果肉顆粒感的雪酪

材料　13人份
柳橙冰沙
柳橙　500g　　砂糖　70g　　水　100g
最終裝飾
糖漬柳橙皮(→P.144)　適量

柳橙冰沙
❶ 柳橙的果肉以打蛋器攪碎,接著加入砂糖和水混合,攪拌直到砂糖溶解。放入冷凍庫內,每隔30分鐘取出以打蛋器攪打再放回冰箱冷凍。

最終裝飾
❶ 在容器中盛裝冰沙,並以糖漬柳橙皮裝飾。

葡萄冰沙＋巨峰葡萄

利用葡萄汁來調整甜味

材料　16人份
葡萄冰沙
葡萄汁　460g　　水　300g　　砂糖　60g
最終裝飾
巨峰葡萄　½顆／1人份

葡萄冰沙
❶ 所有材料混合,攪拌直到砂糖溶解。放入冷凍庫內,每隔30分鐘取出以打蛋器攪打再放回冰箱冷凍。

最終裝飾
❶ 在容器中盛裝冰沙,擺上對半切開的巨峰葡萄。

荔枝冰沙＋椰果

淋上椰果展現出熱帶風情

材料　16人份
荔枝冰沙
荔枝汁　460g　　水　300g　　砂糖　60g
最終裝飾
椰果、薄荷葉　各適量

荔枝冰沙
❶ 作法同左側「葡萄冰沙」。

最終裝飾
❶ 在容器中盛裝冰沙,以椰果、薄荷葉裝飾。

草莓茴香酒雪酪＋草莓片

以茴香酒的香氣增添草莓的美味

材料　25人份
草莓茴香酒雪酪
砂糖　240g　　水　400g
檸檬皮、萊姆皮　各½顆的量
草莓　500g　　茴香酒　80g
最終裝飾
草莓片(→P.140)　2片／1人份

草莓茴香酒雪酪
❶ 將砂糖、水、檸檬皮和萊姆皮一起煮沸,關火後蓋上鍋蓋燜30分鐘,然後以濾網過濾。
❷ 草莓放入果汁機中打成泥狀,和茴香酒一起倒入①中,接著利用冰淇淋機打成雪酪。

最終裝飾
❶ 以冰淇淋勺將草莓茴香冰淇淋盛裝在容器裡,插上草莓片。

西洋梨雪酪＋紅酒糖煮無花果

充滿秋天氣息的雪酪

材料　24人份
西洋梨雪酪
西洋梨　600g　　砂糖　150g　　海藻糖　50g
海樂糖　50g　　水　300g　　檸檬汁　15g
法國茴香酒(Pastis)　25g
紅酒糖煮無花果
半乾無花果　30g　　紅酒　250g　　水　250g
砂糖　70g　　柳橙皮　⅓顆的量
肉桂棒　½根　　新鮮無花果　7顆
砂糖　20g　　海藻果凍粉　7g

西洋梨雪酪
❶ 先將西洋梨冰過,去皮後切除果核。把砂糖、海藻糖、海樂糖和水一起煮沸,靜置冷卻。

❷ 把①放入攪拌器中攪拌均勻,以濾網過濾後加入檸檬汁、法國茴香酒。最後放入冰淇淋機中打成雪酪。

紅酒糖煮無花果

❶ 將半乾無花果切碎倒入鍋裡,除了新鮮無花果、砂糖、海藻果凍粉外,所有材料倒入鍋中煮沸。
❷ 新鮮無花果去皮,倒入①中煮沸後關火。靜置冷卻後,放入冰箱冷藏一晚。
❸ 將②的糖漿500g加熱至85℃。
❹ 把砂糖和海藻果凍粉混合加入③中,以打蛋器快速攪拌均勻。
❺ 以濾網過濾倒入方盤,放進冰箱冷藏凝固。

最終裝飾

❶ 將紅酒糖煮無花果切好盛裝在盤子上,倒入果凍,然後以冰淇淋杓擺上西洋梨雪酪。

番茄冰沙＋小番茄＋紅胡椒煙捲餅＋黑胡椒

利用雙色胡椒為番茄提味

材料　15人份
番茄冰沙
砂糖　50g　　水　110g
海樂糖　60g　　番茄(熟透)　400g
蘇打水　150g　　檸檬汁　10g
鹽　1.5g　　黑胡椒　0.5g
＊添加蘇打水可讓雪酪口感更刺激清新。
紅胡椒煙捲餅
煙捲麵糊(→P.141)　適量
紅胡椒粒　1粒／1人份
最終裝飾
番茄、黑胡椒　各適量

番茄冰沙

❶ 將砂糖、水和海樂糖一起煮沸,靜置冷卻。
❷ 番茄連皮一起放入攪拌器中打碎,以濾網過濾。
❸ 所有材料混合均勻,放進冷凍庫內,每隔30分鐘取出以打蛋器攪打再放回冰箱冷凍。

紅胡椒煙捲餅

❶ 將煙捲麵糊倒入擠花器中擠出彎曲的細條狀,最上面加一顆紅胡椒粒,以180℃的烤箱烤8至10分鐘。

最終裝飾

❶ 冰沙盛裝在容器裡,鋪上切成4等份的小番茄。撒上黑胡椒,擺放一片紅胡椒煙捲餅裝飾。

葡萄柚冰沙＋金巴利酒覆盆子

在雪白色葡萄柚冰沙淋上粉紅色醬汁

材料　13人份
葡萄柚冰沙
紅寶石葡萄柚　600g　　砂糖　70g
薄荷葉　10片

最終裝飾
金巴利酒覆盆子　適量(→P.55「覆盆子香檳果凍」)

葡萄柚冰沙

❶ 將紅寶石葡萄柚、砂糖、切碎的薄荷葉以打蛋器攪打直到果肉變細碎。放入冷凍庫內,每隔30分鐘取出以打蛋器攪打,再放回冰箱冷凍。

最終裝飾

❶ 冰沙盛裝在玻璃杯裡,將金巴利酒覆盆子連湯汁一起淋上。

日本大石李雪酪＋覆盆子法式棉花糖

使用當季水果製成雪酪

材料　27人份
日本大石李雪酪
砂糖　250g　　水　350g　　日本大石李　750g
最終裝飾
大石李　½顆／1人份
覆盆子法式棉花糖(→P.144)　2個／1人份

日本大石李雪酪

❶ 將砂糖與水一起煮沸、冷卻。
❷ 李子先浸過冰水冷卻、連皮一起切好。
❸ 將①和②放入攪拌器中攪打3分鐘左右,直到變成粉紅色。以濾網過濾,再放入冰淇淋機攪打成雪酪。

最終裝飾

❶ 李子連皮一起切成瓣狀,再對切成半。
❷ 將①排列在器皿上,上面盛裝舀成雞蛋狀的日本大石李雪酪。一旁擺放2個覆盆子法式棉花糖裝飾。

咖啡冰沙＋卡士達醬

具咖啡歐蕾層次感的咖啡冰沙

材料　12人份
咖啡冰沙
義式濃縮咖啡　250g　　砂糖　100g
水　250g
卡士達醬
蛋奶餡(Crème pâtissière)(→P.146)　100g
鮮奶油　80g

咖啡冰沙

❶ 煮義式濃縮咖啡並加入砂糖攪拌溶化,然後加水。放入冷凍庫內,每隔30分鐘取出以打蛋器攪打再放回冰箱冷凍。

卡士達醬

❶ 在蛋奶餡中加入鮮奶油攪拌均勻。

最終裝飾

❶ 將咖啡冰沙盛裝在玻璃杯裡,以大湯匙舀一匙蛋奶餡放在最上面。

冰淇淋三明治

香脆的杏仁蛋白霜冰淇淋三明治

法式棉花糖冰淇淋三明治

布里歐冰淇淋三明治

布朗尼冰淇淋三明治

司康冰淇淋三明治

冰淇淋三明治

❖ 利用香脆的蛋白霜、柔軟的法式棉花糖、布朗尼、布里歐、司康餅等製成冰淇淋三明治。

香脆的杏仁蛋白霜冰淇淋三明治

以口感輕盈的杏仁蛋白霜製作三明治

材料　15人份
杏仁蛋白霜
┌ 杏仁粉　60g
│ 粉糖　60g
└ 牛奶　45g
┌ 蛋白　135g
└ 砂糖　110g
堅果冰淇淋
杏仁粒　50g
開心果　30g
香草冰淇淋　500g
最終裝飾
蛋奶餡（→P.146）　適量
粉糖　適量

杏仁蛋白霜
❶ 將杏仁粉和粉糖、牛奶混合。
❷ 蛋白與砂糖仔細打成蛋白霜。
❸ 將①和②混合均勻。
❹ 倒入口徑15mm的圓形花嘴擠花袋中，在烘焙紙上擠出30個直徑5cm的半圓狀。
❺ 放入90℃至100℃的烤箱中烤3至4小時。

堅果冰淇淋
❶ 杏仁粒放入180℃的烤箱烤20分鐘左右，而開心果則烤15分鐘後冷卻，切碎備用。
❷ 將香草冰淇淋與①混合均勻。

最終裝飾
❶ 把一半（15片）的杏仁蛋白霜橫切去除上面的圓頂部分，修平。在盤子擠上少量蛋奶餡，將杏仁蛋白霜的切面朝下擺放。
❷ 以冰淇淋勺將堅果冰淇淋盛裝在①上，接著覆蓋剩下的另一半（15片）杏仁蛋白霜，撒上粉糖。

法式棉花糖冰淇淋三明治

以螺旋狀的法式棉花糖製成三明治

材料
覆盆子冰淇淋
香草冰淇淋　適量
覆盆子（冷凍）　分量為冰淇淋的20%
最終裝飾
┌ 覆盆子果醬　適量
│ 覆盆子泥　分量為果醬的一半
└ 覆盆子　4顆／1人份
覆盆子法式棉花糖　2片／1人份
（→P.144‧螺旋狀）

覆盆子冰淇淋
❶ 把冷凍覆盆子裝入塑膠袋中，以麵棍敲碎。
❷ 將香草冰淇淋與①混合均勻。

最終裝飾
❶ 將覆盆子果醬和果泥混勻，再加入新鮮覆盆子。
❷ 以冰淇淋勺將覆盆子冰淇淋盛裝在一片覆盆子法式棉花糖上，再覆蓋另一片覆盆子法式棉花糖，最後擺上①的覆盆子。

布朗尼冰淇淋三明治

以布朗尼製作巧克力色的冰淇淋三明治

材料　24人份
布朗尼　4.5cm 正方形×厚3cm 24塊
巧克力冰淇淋　750g
可可粉　適量

❶ 將布朗尼橫切成2片。
❷ 以冰淇淋勺將巧克力冰淇淋盛裝在一片布朗尼上，再覆蓋上另一片布朗尼。

◆ 製作布朗尼

材料　30cm×20cm烤盤一個的量
無鹽奶油　220g　　砂糖　300g
香草精　3g　　鹽　2g
全蛋（室溫）　220g
黑巧克力（可可成分55%）　170g
低筋麵粉　100g
核桃　200g

❶ 將打成髮油狀（Pomade）的奶油和砂糖混勻，加入香草精、鹽，再慢慢加入全蛋，攪拌均勻。
❷ 將巧克力切碎後隔水加熱溶解，將溫度調整至40℃，然後加入①混勻。
❸ 加入低筋麵粉混勻，接著倒入稍微烤過、切成粗顆粒的核桃。
❹ 將上述混合物鋪在烤盤裡，放入170℃的烤箱中烤40分鐘左右。

布里歐冰淇淋三明治

在布里歐中擠入杏仁奶油醬製成三明治

材料　10人份
布里歐
布里歐　7cm×4cm×厚1cm 20片
杏仁奶油醬（→P.146）　200g
杏仁片　適量
蘭姆葡萄乾冰淇淋
香草冰淇淋　500g
蘭姆葡萄乾（→P.147）　75g

布里歐
❶ 布里歐切成1cm厚的薄片，再切成7cm×4cm。
❷ 在一半的①（10片）上擠杏仁奶油醬、撒杏仁片，然後和剩下的另一半放入以200℃的烤箱烤15分鐘左右。

蘭姆葡萄乾冰淇淋
❶ 將香草冰淇淋和蘭姆葡萄乾混合均勻。
❷ 把①放入鋪有玻璃紙的方盤中，平推成2cm厚。
❸ 放入冷凍庫中凝固，再切成6cm×3.5cm的大小。

最終裝飾
❶ 把冰淇淋放在烤好的布里歐上，擠入杏仁奶油醬，覆蓋另一片布里歐。

◆ 製作布里歐

材料　7cm×16cm×高5.5cm長方形烤模3個的量
活酵母粉　6g
水　30g
高筋麵粉　80g
中筋麵粉　80g
低筋麵粉　80g
全蛋　110g
砂糖　16g
鹽　4g
無鹽奶油　120g

❶ 以水溶解活酵母粉，在調理盆內倒入奶油之外的所有材料，以攪拌器低速攪拌3分鐘，接著以中速攪拌8分鐘，加入奶油後再攪拌5分鐘。在室溫下進行初次發酵約1小時30分鐘。
❷ 將麵團切成3份，分別擀開再捲成條狀，塗上無鹽奶油（分量外）後放入長方形烤模中。讓麵團在室溫下膨脹至模具的八分滿，進行二次發酵。
❸ 烤模上蓋一個烤盤，放入200℃的烤箱中烤40分鐘左右。

司康冰淇淋三明治

具酸味的司康與冰淇淋的組合

材料
蔓越莓司康　20個的量
無鹽奶油　120g
高筋麵粉　270g
低筋麵粉　270g
發粉　30g
全蛋　150g
砂糖　100g
牛奶　200g
蔓越莓乾　65g
蛋汁　適量
草莓冰淇淋
香草冰淇淋　適量
草莓果醬　分量為冰淇淋的20%

蔓越莓司康
❶ 將剛從冰箱取出的奶油塊切成1cm的丁狀。
❷ 在調理盆裡放入粉類和①，並以攪拌器中速攪打。打至呈柔滑狀態時，放進冰箱冷藏30分鐘。
❸ 將全蛋、砂糖、牛奶混勻，同樣放進冰箱冷藏備用。
❹ 將②再次倒入調理盆裡，加入③、蔓越莓乾後以攪拌器攪拌均勻。
❺ 把混合均勻的④倒入方盤，平推成2cm厚，放進冷凍庫靜置30分鐘。
❻ 利用直徑5cm的圓形模具裁切，排列在烤盤上。表面塗蛋汁，放入210℃的烤箱中烤20分鐘左右。

草莓冰淇淋
❶ 把香草冰淇淋和草莓醬混合均勻。

最終裝飾
❶ 將蔓越莓司康橫切成半。
❷ 以冰淇淋勺將草莓冰淇淋舀到①的半片蔓越莓司康上，再覆蓋另一片蔓越莓司康。

冷凍慕斯

覆盆子冷凍慕斯＆雙色水果

——貝里尼擺盤法

——盤裝法

——貝里尼擺盤法

水蜜桃冷凍慕斯
＆水蜜桃果凍

——盤裝法

冷凍慕斯

❖ 沒有冰淇淋機也能輕鬆製作的冰品。以義式蛋白霜為基本製法，即使冷凍也不會硬梆梆，而是成為軟綿綿的冰淇淋。

❖ 同樣是冷凍慕斯，卻有盤裝和玻璃杯裝的貝里尼式等兩種不同擺盤法。

❖ 冷凍前的慕斯柔軟好塑型，可裝入布丁杯凝固或直接擠花成型是最大的優點，可配合創意隨心所欲地運用。

❖ 以蛋白霜製成，暫時放在室溫下也不會立刻溶解，而能維持柔軟的黏糊狀。

❖ 義式蛋白霜中含有海藻糖，因為製作時充分打泡，所以冷凍後也能維持柔滑口感。由於海藻糖的甜度只有砂糖的45%左右，因此使用砂糖時只要加入一半的量即可。

❖ 製作義式蛋白霜較費工夫，可以事先一次作好。為避免接觸空氣，包上保鮮膜放進冷凍庫保存。

覆盆子冷凍慕斯 & 雙色水果

以覆盆子泥製成粉紅色的冷凍慕斯

—— 貝里尼擺盤法

材料
覆盆子冷凍慕斯　18人份
→同右側「盤裝法」
最終裝飾
奇異果、鳳梨　各適量
香緹鮮奶油（Crème Chantilly）（→P.146）　適量
覆盆子粉　適量

覆盆子冷凍慕斯
❶ 作法同右側「盤裝法」①至⑥。
❷ 將冷凍慕斯擠入玻璃杯（100cc）中直到八分滿，放入冷凍庫凝固。

最終裝飾
❶ 奇異果、鳳梨切成1.5cm的丁狀。
❷ 將①盛裝在冷凍慕斯上，擠入香緹鮮奶油後抹平，撒上覆盆子粉。

—— 盤裝法

材料　19人份
覆盆子冷凍慕斯　76個的量
覆盆子泥　200g
覆盆子酒　20g
A ⎡ 砂糖　100g
⎢ 海藻糖　50g
⎢ 水　45g
⎣ 蛋白　100g
鮮奶油　240g
最終裝飾
奇異果　適量
鳳梨　適量
膠糖蜜（Gum Syrup）　適量

覆盆子冷凍慕斯
❶ 將覆盆子泥與覆盆子酒混合。
❷ 利用A製作義式蛋白霜，將砂糖、海藻糖、水加熱至118℃。
❸ 當②開始沸騰時，以中速打蛋器打發蛋白。當出現大量的細小泡沫時改為高速，並將②的糖漿慢慢順著碗的內側加入，充分打泡。起泡約至八分程度時，繼續攪拌直到冷卻為止。
❹ 將鮮奶油打到九分程度。
❺ 把①加入④，並一邊以打蛋器攪拌均勻。
❻ 倒入③的義式蛋白霜，以橡皮刮刀拌勻。
❼ 將上述混合物擠入口徑4cm×底徑2.5cm×高1.5cm的半球型軟烤模中，以抹刀抹平表面，放入冷凍庫冷卻。

最終裝飾
❶ 奇異果、鳳梨切成1cm厚的片狀，以直徑4cm的圓形模具切成圓形。其他裝飾用材料也切成5mm厚的扇形。
❷ 將①剩下的奇異果和鳳梨果肉分別以刀子切碎後製成醬汁。酸味較重時可加入膠糖蜜調整味道。為避免冷凍慕斯溶化，事先將①、②充分冷卻後備用。
❸ 將覆盆子冷凍慕斯從軟烤模中取出，分別夾入①的奇異果、鳳梨製成冷凍慕斯三明治。
❹ 將③盛裝在盤子上，上面分別鋪放裝飾用的奇異果與鳳梨，四周則淋上奇異果醬和鳳梨醬。

水蜜桃冷凍慕斯 & 水蜜桃果凍

以水蜜桃和酸奶油調出甜酸的清爽口味

—— 貝里尼擺盤法

材料 17人份
水蜜桃冷凍慕斯
日本白桃（罐裝） 250g
水蜜桃酒 25g
酸奶油（Sour cream） 50g
A ┌ 砂糖 70g
　├ 海藻糖 35g
　├ 水 35g
　└ 蛋白 70g
鮮奶油 175g
水蜜桃果凍 10人份
┌ 砂糖 50g
└ 海藻果凍粉 8g
水 400g
紅石榴糖漿 20g
水蜜桃酒 40g
最終裝飾
日本白桃 適量
覆盆子 1½顆／1人份

水蜜桃冷凍慕斯
❶ 把白桃和水蜜桃酒放入果汁機中打成泥狀，然後加入酸奶油。
❷ 以A製作義式蛋白霜（→作法和P.30「覆盆子冷凍慕斯」（盤裝法）覆盆子冷凍慕斯的②至③相同）。
❸ 將鮮奶油打發至八分程度。
❹ 把①倒入③，並以打蛋器攪拌均勻。
❺ 加入②的義式蛋白霜，以橡皮刮刀拌勻。
❻ 將上述混合物倒入玻璃杯（容量100cc）至八分滿，放入冷凍庫冷卻待其凝固。

水蜜桃果凍
❶ 將砂糖和海藻果凍粉混合，水一煮沸就加入並關火，接著以打蛋器快速攪拌均勻，最後倒入紅石榴糖漿、水蜜桃酒。
❷ 倒入方盤，放進冷藏室冷卻待其凝固。

最終裝飾
❶ 將切成1.5cm丁狀的白桃擺在水蜜桃冷凍慕斯上，以湯匙將水蜜桃果凍搗碎淋在上面。最後均勻鋪上縱切成4等份的覆盆子果肉。

—— 盤裝法

材料 14人份
水蜜桃冷凍慕斯
→同左側「貝里尼擺盤法」
水蜜桃果凍 10人份
→同左側「貝里尼擺盤法」
最終裝飾
日本白桃（罐裝） 適量
覆盆子 2½顆／1人份
薄荷葉 適量

水蜜桃冷凍慕斯
❶ 作法同左側「貝里尼擺盤法」的①至⑤。
❷ 將上述混合物裝入口徑5.5cm×高4cm的布丁杯中，放入冷凍庫冷凍待其凝固。

最終裝飾
❶ 將冷凍慕斯從布丁杯中取出裝盤，四周擺飾事先切成1.5cm丁狀的白桃，並將水蜜桃果凍以湯匙搗碎淋在上面。最後縱切成一半的覆盆子和薄荷葉裝飾。

—— 貝里尼擺盤法

萊姆冷凍慕斯
令人驚喜的芒果百香果

—— 盤裝法

32

巧克力冷凍慕斯
蒙布朗加工

——盤裝法

——貝里尼擺盤法

萊姆冷凍慕斯
令人驚喜的芒果百香果

義式蛋白霜、鮮奶油、萊姆的簡單甜點

—— 貝里尼擺盤法

材料 14人份
萊姆冷凍慕斯
- 砂糖 115g
- 海藻糖 40g
A 水 45g
- 蛋白 80g
鮮奶油 210g
萊姆皮碎屑 4顆的量
萊姆汁 100g
最終裝飾
- 芒果 適量
- 芒果百香果醬（→P.138） 適量
香緹鮮奶油（→P.146） 適量
椰子蛋白霜 2根／1人份
（→P.139・以口徑5mm的圓形花嘴擠出25cm
的長條狀。）

萊姆冷凍慕斯
❶ 以A製作義式蛋白霜（→作法和P.30「覆盆子冷
凍慕斯」（盤裝法）覆盆子冷凍慕斯的②至③相
同）。
❷ 將鮮奶油打發至七分程度，加入萊姆皮碎屑和
果汁。
❸ 倒入①的義式蛋白霜，以橡膠刮刀拌勻。
❹ 將上述混合物擠入玻璃杯（容量100cc）至八分
滿，放入冷凍庫冷卻待其凝固。

最終裝飾
❶ 將芒果切成1.5cm的丁狀，倒入芒果百香果汁。
❷ 將①盛裝在萊姆冷凍慕斯上。擠入少量香緹鮮
奶油，將椰子蛋白霜摺成適當長度裝飾在上面。

—— 盤裝法

材料 14人份
萊姆冷凍慕斯
→同左側「貝里尼擺盤法」
最終裝飾
芒果百香果醬（→P.138） 適量
香緹鮮奶油（→P.146） 適量
芒果 適量
椰子蛋白霜 2根／1人份
（→P.139・以口徑5mm的圓形花嘴擠出25cm
的長條狀。）

萊姆冷凍慕斯
❶ 作法同左側「貝里尼擺盤法」①至③。
❷ 將上述混合物擠入直徑7cm×高3.5cm的咕咕
洛夫（Kouglof）軟烤模中，放入冷凍庫冷凍待
其凝固。

最終裝飾
❶ 將萊姆冷凍慕斯從軟烤模中取出，盛裝在盤子
上。中央空洞倒入芒果百香果醬，擠上少量香緹
鮮奶油，再鋪上切成1.5cm丁狀的芒果，最後擺
上長椰子蛋白霜。

巧克力冷凍慕斯
蒙布朗加工

以炸彈麵糊和蛋白霜調出濃郁滋味

── 盤裝法

材料　14人分
巧克力冷凍慕斯
- 蛋黃　70g
- 砂糖　25g
- 水　25g
- 蛋白　85g
- 海藻糖　20g
- 砂糖　35g
- 鮮奶油　250g
- 黑巧克力（可可成分70%）　85g
- 深色蘭姆酒　20g

栗子奶油
- 栗子醬　102g
- 栗子泥　198g
- 深色蘭姆酒　12g
- 蛋奶餡（→P.146）　60g
- 香緹鮮奶油（→P.146）　30g

最終裝飾
- 巧克力醬（→P.139）　適量
- 巧克力片（→P.144）　9cm×3.5cm 2片／1人份
- 香緹鮮奶油　適量
- 糖漬栗子　1顆／1人份

巧克力冷凍慕斯
❶ 將蛋黃與砂糖拌勻，並加入水。以隔水加熱的方式讓水溫上升，一邊攪拌成濃稠狀，充分打發。
❷ 將蛋白和海藻糖打發，至八分程度時加入糖，再充分打發到泡沫不會消失為止（由於海藻糖很難溶解，所以要先加入再打發）。
❸ 將鮮奶油打發至八分程度。
❹ 巧克力切碎後隔水加熱溶解，並將溫度調至50℃。
❺ 先把少量的③加入④混合，此時加入①攪拌均勻，再倒入深色蘭姆酒，最後加入剩下的③，並倒入②的蛋白霜拌勻。
❻ 倒入裝有口徑15mm圓形花嘴的擠花袋中，在防潮玻璃紙上擠成8cm的長度，放入冷凍庫待其凝固。

栗子奶油
❶ 先將栗子醬攪拌至滑順，再將栗子泥一點一點地加入繼續攪拌到滑順，最後倒入深色蘭姆酒。
❷ 以濾網過濾，依序加入蛋奶餡、香緹鮮奶油混勻。

最終裝飾
❶ 在盤子上擠巧克力醬。
❷ 巧克力冷凍慕斯擺在一片巧克力上，以口徑8mm的圓形花嘴擠入香緹鮮奶油，鋪上另一片巧克力，上面再擺冷凍慕斯。擠好香緹鮮奶油，以蒙布朗花嘴擠上栗子奶油，最後以切成一半的糖漬栗子裝飾。

── 貝里尼盤裝法

材料　15人份
巧克力冷凍慕斯
→同左側「盤裝法」
栗子奶油　20人份
→同左側「盤裝法」
最終裝飾
- 香緹鮮奶油（→P.146）　適量
- 糖漬栗子　2¼顆／1人份

巧克力冷凍慕斯
❶ 作法同左側「盤裝法」①至⑤。
❷ 將上述混合物擠入玻璃杯（容量100cc）至八分滿，放入冷凍庫冷卻待其凝固。

最終裝飾
❶ 在巧克力冷凍慕斯的中央擠少量香緹奶油，將2顆糖漬栗子切成1.5cm丁狀鋪在上面。以蒙布朗花嘴擠上栗子奶油，上層擺放切成4等份的糖漬栗子。

清涼甜點

牛奶凍・奶酪 etc.

芝麻牛奶凍

抹茶奶酪

把熱呼呼的抹茶倒入嫩薑牛奶布丁

牛奶凍 · 奶酪 etc.

✤ 牛奶凍（Blanc Manger）、奶酪（Panna Cotta）、巴伐利亞布丁（Bavarois）……冷卻凝固吉利丁後可製成各種甜點。

✤ 吉利丁可分為片狀或粉狀。市面上還有販售各種不同的凝固劑，可依創意或需求來加以運用，讓甜點的製作更靈活廣泛。

✤ 所有凝結式甜點都可使用吉利丁片。

✤ 吉利丁為葷食，是從動物的骨頭或結締組織所提煉而得的膠質物。素食者可在製作時以植物性吉利丁或洋菜來取代吉利丁。

✤ 用於製作果凍的海藻果凍粉→P.50

✤ 為了讓甜點維持外型並保有適當的硬度，從模具中取出後，最好放在冰箱冷藏一晚充分凝固。

芝麻牛奶凍

黑芝麻與紅豆的和風口味

材料　20人份
芝麻牛奶凍
牛奶　500g
鮮奶油　180g
砂糖　75g
吉利丁片　8g
黑芝麻醬　80g
糖漬紅豆
大納言紅豆（甘納豆）　100g
水　50g
香甜咖啡酒（KAHLÚA）　20g

芝麻牛奶凍

❶ 牛奶和鮮奶油一起煮沸後關火，加入砂糖、已泡開的吉利丁片。

❷ 把①一點一點慢慢加入芝麻醬中拌勻，以濾網過濾。

❸ 調理盆的底部浸泡在冰水裡，直到②出現濃稠感。倒入玻璃杯（容量70cc），放進冰箱3小時左右冷卻凝固。

糖漬紅豆

❶ 將大納言紅豆和水放在爐火上煮沸，加入香甜咖啡酒後關火，冷卻備用。

最終裝飾

❶ 將糖漬紅豆連湯汁一起倒在芝麻牛奶凍上。

抹茶奶酪

抹茶＋鐵觀音茶的雙茶組合

材料　15人份
抹茶奶酪
鮮奶油　300g
牛奶　240g
砂糖　75g
抹茶　8g
吉利丁片　5.5g
鐵觀音茶凍
水　250g
鐵觀音茶葉　4g
┌砂糖　37g
└海藻果凍粉　4g
最終裝飾
甜豌豆（甘納豆）　5顆／1人份

抹茶奶酪
❶ 鮮奶油和牛奶一起煮沸。
❷ 當砂糖與抹茶充分混勻時，慢慢加入①攪拌均勻。接著加入已泡開的吉利丁片，然後以濾網過濾。
❸ 調理盆的底部浸泡在冰水裡，直到②出現濃稠感。倒入玻璃杯（容量70cc），放進冰箱3小時左右冷卻凝固。

鐵觀音茶凍
❶ 將水煮沸，倒入鐵觀音後關火，蓋上蓋子燜3分鐘，以濾網過濾。
❷ 將砂糖和海藻果凍粉混勻後，加入①以打蛋器快速攪拌至溶解均勻。
❸ 倒入方盤，放進冰箱冷藏待其凝固。

最終裝飾
❶ 在抹茶奶酪淋上以湯匙搗碎的⅓鐵觀音茶凍，擺上甜豌豆，再倒入剩下的鐵觀音茶凍。

把熱呼呼的抹茶倒入嫩薑牛奶布丁

利用義式咖啡機的打奶泡功能

材料　10人份
嫩薑牛奶布丁
嫩薑　24g
牛奶　140g
鮮奶油　400g
香草棒　⅛根
砂糖　60g
吉利丁片　6g
抹茶牛奶　抹茶醬約6人份
┌抹茶　10g
│砂糖　10g
└熱開水　20g
牛奶　50cc／1人份
最終裝飾
抹茶碎餅（→P.142）　適量
大納言黑豆（甘納豆）　6顆／1人份

嫩薑牛奶布丁
❶ 嫩薑去皮後切成2mm的薄片。
❷ 將牛奶和鮮奶油、切開的香草棒一起煮沸，加入①後關火，蓋上蓋子燜1小時。
❸ 以濾網過濾後再加熱一次，加入砂糖、已泡開的吉利丁片，攪拌至溶解。
❹ 鍋子底部浸泡在冰水裡，直到③出現濃稠感。倒入直徑5.5cm×高4cm的布丁杯中，放入冰箱冷藏一晚。

抹茶牛奶
❶ 將抹茶和砂糖充分混勻，加入熱開水攪拌成抹茶醬備用。

最終裝飾
❶ 將嫩薑牛奶布丁裝盤，四周灑上抹茶碎餅和大納言黑豆。
❷ 將50cc的牛奶和6g的抹茶／1人份混勻，倒入義式咖啡機的奶泡器中加熱。
❸ 把②的熱抹茶牛奶倒入牛奶壺中，即可享用。

水嫩咖啡牛奶凍   米香栗子巴伐利亞布丁

草莓牛奶布丁   百香果奶酪＆薄荷葡萄柚冰沙

水嫩咖啡牛奶凍

慢慢粹取一整晚的深煎烘焙咖啡

材料　17人份
咖啡牛奶凍
┌ 牛奶　1000g
└ 咖啡豆（深煎烘焙）　250g
┌ 砂糖　150g
└ 吉利丁粉　12g
鮮奶油　375g
咖啡凍
水　500g
咖啡豆（研磨成粉）　25g
┌ 砂糖　80g
└ 海藻果凍粉　6.5g
椰子醬　10人份
椰奶　100g
牛奶　100g
最終裝飾
無花果（或半乾無花果）　適量

咖啡牛奶凍
❶ 將咖啡豆浸泡在牛奶裡，放入冰箱一晚以釋放出咖啡味。
❷ 將①以濾網過濾，加熱至80℃。
❸ 先將砂糖和吉利丁粉混勻，加入②中以打蛋器快速攪拌溶解均勻，然後加入鮮奶油。
❹ 調理盆的底部浸泡在冰水裡，直到③出現濃稠感。接著倒入直徑5.5cm×高4cm的布丁杯中，放入冰箱一晚冷藏待其凝固。

咖啡凍
❶ 將水煮沸，以研磨好的咖啡粉沖泡咖啡。
❷ 把砂糖和海藻果凍粉混勻，加入①以打蛋器快速攪拌溶解均勻。
❸ 倒入方盤，放進冰箱冷藏待其凝固。

椰子醬
❶ 將椰奶和牛奶一起煮沸，冷卻後備用。

最終裝飾
❶ 將咖啡牛奶凍盛裝在盤子上，四周倒入以湯匙搗碎的咖啡凍。附上已去皮切好的無花果，倒入椰子醬。

米香栗子巴伐利亞布丁

「日式栗子飯」的甜點版!?

材料　10人份
米香巴伐利亞布丁
米　72g
牛奶　300g
肉桂棒　½根
香草棒　½根
┌ 牛奶　120g
│ 砂糖　60g
└ 吉利丁片　6g
鮮奶油　360g
深色蘭姆酒　12g
糖漬栗子　160g
最終裝飾
糖漬栗子　20顆

米香巴伐利亞布丁
❶ 洗米，泡水30分鐘後瀝乾水分。
❷ 將牛奶和肉桂棒、切開的香草棒一起煮沸，加入①的米再煮沸一次，蓋上鍋蓋轉小火。每5分鐘仔細攪拌一次，約煮20至30分鐘直到米熟透為止。
❸ 將牛奶煮沸，加入砂糖、已泡開的吉利丁片攪拌至溶解。
❹ 把③加入②中混合均勻。
❺ 依序加入鮮奶油、深色蘭姆酒混勻，再加入切成粗顆粒的糖漬栗子。
❻ 調理盆的底部浸泡在冰水裡，直到⑤出現濃稠感。倒入方盤，放進冰箱約2小時冷藏待其凝固。

最終裝飾
❶ 將米香巴伐利亞布丁裝盤，撒上切成4等份的糖漬栗子。

草莓牛奶布丁

草莓牛奶味的沁涼布丁

材料　14人份
草莓牛奶布丁
牛奶　380g
鮮奶油　300g
煉乳　100g
砂糖　70g
吉利丁片　10g
草莓泥　300g
紅石榴果凍
水　200g
紅石榴糖漿　20g
檸檬皮　⅛顆的量
檸檬汁　⅛顆的量
┌砂糖　16g
└海藻果凍粉　4g
最終裝飾
草莓　2顆／1人份
覆盆子　½顆／1人份
薄荷葉　適量

草莓牛奶布丁
❶ 把牛奶、鮮奶油、煉乳和砂糖一起煮沸後關火，加入已泡開的吉利丁片攪拌至溶解。
❷ 以濾網過濾，將調理盆的底部浸泡在冰水裡，冷卻到不燙手的程度，加入草莓泥混勻。
❸ 再次將調理盆底部浸泡在冰水裡冷卻，直到②出現濃稠感。倒入玻璃杯（容量110cc），放進冰箱約3小時冷藏凝固。

紅石榴果凍
❶ 水和紅石榴糖漿、檸檬皮、檸檬汁一起煮沸。
❷ 將砂糖與海藻果凍粉混勻後，加入①以打蛋器快速攪拌溶解均勻。
❷ 倒入方盤，放進冰箱冷藏待其凝固。

最終裝飾
❶ 在草莓牛奶布丁上鋪滿切成小塊的草莓及對切成半的覆盆子，再倒入以湯匙搗碎的紅石榴果凍，最後加上薄荷葉裝飾。

百香果奶酪＆薄荷葡萄柚冰沙

以滿滿的冰沙來取代醬汁

材料　20人份
百香果奶酪
牛奶　625g
鮮奶油　800g
┌砂糖　313g
└吉利丁粉　10g
百香果泥　275g
薄荷葡萄柚冰沙
葡萄柚　500g
砂糖　60g
薄荷葉　10片
最終裝飾
葡萄柚　適量
薄荷葉　適量

百香果奶酪
❶ 牛奶和鮮奶油一起煮沸後關火，砂糖、吉利丁粉混勻後倒入鍋中，以打蛋器快速地攪拌溶解均勻。
❷ 將鍋子底部浸泡在冰水裡，等①冷卻到20℃加入百香果泥。
❸ 倒入直徑5.5cm×高4cm的布丁杯中，放進冰箱一晚冷藏凝固。

薄荷葡萄柚冰沙
❶ 把葡萄柚、砂糖、切碎的薄荷葉以打蛋器攪拌均勻。
❷ 放進冰箱，每隔30分鐘取出以打蛋器攪拌均勻，再放進冰箱繼續冷凍。

最終裝飾
❶ 將葡萄柚的果肉對切成半。
❷ 百香果奶酪裝盤，四周倒入薄荷葡萄柚果凍，再放上①的葡萄柚果肉、薄荷葉。

杏仁布丁&哈蜜瓜醬

芒果布丁

檸檬草奶酪＆糖漬黑櫻桃　　　　　　　　　蘆筍奶酪

杏仁布丁&哈蜜瓜醬

直接搗碎杏仁製成的香濃布丁

材料　10人份
杏仁布丁
杏仁（北杏）　110g
水　600g
牛奶　160g
砂糖　100g
吉利丁片　11g
鮮奶油　240g
＊北杏比南杏香且帶有苦味，可調製出清爽的口味，
　同時也是漢方藥材的一種。
哈蜜瓜醬
哈蜜瓜　250g
膠糖蜜　適量
最終裝飾
糖漬白木耳（→P.143）　適量

杏仁布丁
❶ 開始製作的前一天先將杏仁泡水（分量外）。
❷ 瀝乾①的水分，接著和300g的水一起倒入果汁機攪打45秒。
❸ 以濾網過濾，將瀝去水分的杏仁和剩下的300g水再倒入果汁機攪打45秒。
❹ 以紗布瀝乾③，再以廚房紙巾徹底吸乾水分。
❺ 把牛奶倒入④並加熱至85℃，關火後加入砂糖、已泡開的吉利丁片攪拌至溶解。
❻ 加入鮮奶油，將鍋子底部浸泡在冰水裡冷卻，直到出現濃稠感。倒入玻璃杯（容量110cc），放進冰箱約3小時冷藏待其凝固。

哈蜜瓜醬
❶ 哈蜜瓜切碎，加入膠糖蜜調整味道。

最終裝飾
❶ 在杏仁布丁上淋哈蜜瓜醬，鋪放糖漬白木耳。

芒果布丁

芒果布丁佐椰子醬汁&西米露

材料　10人份
芒果布丁
牛奶　200g
椰奶　50g
砂糖　45g
吉利丁片　5.5g
鮮奶油　125g
芒果泥　250g
酸奶油　50g
椰子醬汁
椰奶　200g
牛奶　200g
最終裝飾
西米　25g
芒果　適量
糖漬枸杞（→P.143）　適量

芒果布丁
❶ 牛奶和椰奶一起煮沸後關火，加入砂糖、已泡開的吉利丁片攪拌至溶解。
❷ 加入鮮奶油，將鍋子底部浸泡在冰水裡冷卻。
❸ 芒果泥和酸奶油混合在一起，加入②中。
❹ 倒入玻璃杯（容量100cc），放進冰箱約3小時冷藏凝固。

椰子醬汁
❶ 椰奶和牛奶一起煮沸，冷卻後備用。

最終裝飾
❶ 在鍋子裡裝滿水，煮沸後把火調到讓水能維持對流的大小。倒入西米，煮至白芯縮到針尖般細小，撈起後浸泡在冰水中靜置1小時，最後瀝乾水分（若煮好不泡水，西米會立刻將醬汁吸光）。
❷ 椰子醬汁倒在芒果布丁上，再鋪上①的西米露，以及切成1cm丁狀的芒果、糖漬枸杞。

檸檬草奶酪＆糖漬黑櫻桃

在奶酪中融入柔和的香草氣息

材料　17人份
檸檬草奶酪
牛奶　480g
鮮奶油　600g
檸檬草　35g
砂糖　120g
吉利丁片　12g
最終裝飾
糖漬黑櫻桃（→P.140）　4顆／1人份

檸檬草奶酪
❶ 牛奶和鮮奶油一起煮沸，加入檸檬草後關火，蓋上蓋子燜30分鐘。
❷ 以濾網過濾，加入砂糖、已泡開的吉利丁片後再開火加熱煮至溶解。
❸ 將鍋子底部浸泡在冰水裡冷卻，直到出現濃稠感。倒入玻璃杯（容量100cc），放進冰箱約3小時冷藏待其凝固。

最終裝飾
❶ 將糖漬黑櫻桃連同醬汁一起淋在檸檬草奶酪上。

蘆筍奶酪

散發綠色清香的蔬菜奶酪

材料　20人份
蘆筍奶酪
牛奶　750g
鮮奶油　750g
迷你蘆筍　450g
砂糖　180g
┌山葵粉　1.5g
└水　3g
吉利丁片　22g
麝香葡萄酒凍
水　360g
┌砂糖　100g
└海藻果凍粉　12g
麝香葡萄酒　240g
檸檬汁　20g
最終裝飾
柳橙　適量
小番茄　適量
蒔蘿　適量

蘆筍奶酪
❶ 牛奶和鮮奶油一起煮沸，加入迷你蘆筍，蓋上蓋子煮至熟軟。
❷ 將①、砂糖、已調水溶解的山葵粉放入果汁機攪拌均勻，以濾網過濾。
❸ 加入已泡開的吉利丁片攪拌至溶解。
❹ 將鍋子底部浸泡在冰水裡冷卻，直到出現濃稠感。倒入直徑5.5cm×高4cm的布丁杯中，放入冰箱一晚冷藏待其凝固。
＊也可使用一般的蘆筍製作，但必須先去除根莖較硬的部分及外皮。

麝香葡萄酒凍
❶ 將水煮沸，砂糖和海藻果凍粉混勻後加入，以打蛋器快速攪拌溶解均勻。
❷ 加入麝香葡萄酒，加熱至85℃，關火後加入檸檬汁。
❸ 倒在方盤中，放進冰箱冷藏待其凝固。

最終裝飾
❶ 將柳橙的果肉對切成半，小番茄切成4等份。
❷ 將蘆筍奶酪裝進高腳酒杯中，四周擺放①的柳橙、小番茄，然後倒入以湯匙搗碎的麝香葡萄酒凍，並以蒔蘿裝飾。

檸檬草果凍

茉莉花茶凍

香草・水果凍

玫瑰花果凍

伯爵茶凍

柳橙果凍

荔枝果凍

檸檬萊姆凍

葡萄果凍

香草・水果凍

✤製作果凍時要慢慢凝固，讓果凍軟Q滑嫩。

✤為了讓果凍水嫩多汁，特別以具有離水性的海藻果凍粉（植物性）來取代吉利丁。為了運用這種滲出水分的性質，倒入方盤冷藏凝固後再以湯匙搗碎裝盤。

檸檬草果凍

口感清新的酸甜香氣

材料　20人份
檸檬草果凍
水　1000g　　檸檬草　30g　　柳橙皮　½顆的量
⌐砂糖　160g
└海藻果凍粉　22g
糖漬杏子
砂糖　80g　　水　80g　　杏子乾　160g
最終裝飾
檸檬草　適量

檸檬草果凍
❶ 水、檸檬草和柳橙皮一起煮沸，關火後蓋上蓋子燜30分鐘。
❷ 以濾網過濾，再次加熱到80℃至85℃。
❸ 將砂糖和海藻果凍粉混勻後加入，以打蛋器快速攪拌溶解均勻。
❹ 倒入方盤，放進冰箱冷藏凝固。

糖漬杏子
❶ 砂糖和水一起煮沸，加入杏子乾再次煮沸後關火，醃漬一晚。

最終裝飾
❶ 以湯匙將果凍搗碎後裝盤，灑上切成4等份的糖漬杏子，以檸檬草進行裝飾。

玫瑰花果凍

高雅華麗的香芬玫瑰

材料　14人份
玫瑰花果凍
水　500g　　乾燥玫瑰　5g
⌐砂糖　55g
└海藻果凍粉　8g
最終裝飾
覆盆子　1 ½顆／1人份　　乾燥玫瑰　適量

玫瑰花果凍
❶ 將水煮沸，放入乾燥玫瑰後關火，蓋上蓋子燜3

分半鐘，以濾網過濾。
❷ 砂糖和海藻果凍粉混勻後加入，以打蛋器快速攪拌溶解均勻。
❸ 倒入方盤，放進冰箱冷藏凝固。

最終裝飾
❶ 以湯匙將果凍搗碎後裝盤，擺上對切成半的覆盆子，並以乾燥玫瑰裝飾。

茉莉花茶凍

以清爽的茉莉花茶製成果凍

材料　14人份
茉莉花茶凍
水　500g
茉莉花茶葉　6g
⌐砂糖　75g
└海藻果凍粉　8g
最終裝飾
⌐甜羅勒種子　1.5g
└水　25g
鳳梨　適量

茉莉花果凍
❶ 將水煮沸，放入茉莉花茶葉後關火，蓋上蓋子燜3分半鐘，以濾網過濾。
❷ 砂糖和海藻果凍粉混勻後加入，以打蛋器快速攪拌溶解均勻。
❸ 倒入方盤，放進冰箱冷藏待其凝固。

最終裝飾
❶ 甜羅勒種子浸泡冷開水10分鐘左右，鳳梨切成小塊。
❷ 搗碎果凍後裝盤，擺上①的鳳梨、甜羅勒種子。

伯爵茶凍

以溫和香味搭配白桃一起品嚐

材料　14人份
伯爵茶凍
水　500g　　伯爵茶葉　8g
⌐砂糖　75g
└海藻果凍粉　8g
最終裝飾
日本白桃（罐裝）　適量

伯爵茶凍
❶ 將水煮沸，放入伯爵茶葉後關火，蓋上蓋子燜3分鐘，以濾網過濾。
❷ 砂糖和海藻果凍粉混勻後加入，以打蛋器快速攪拌溶解均勻。
❸ 倒入方盤，放進冰箱冷藏待其凝固。

最終裝飾
❶ 將果凍搗碎後裝盤，擺上一口大小的白桃。

柳橙果凍

常見水果的簡單美味果凍

材料 13人份
柳橙果凍
柳橙汁 800g 水 200g
┌砂糖 20g
└海藻果凍粉 20g
白蘭地橘子酒（Grand Marnier） 20g
最終裝飾
柳橙 適量

柳橙果凍
❶ 柳橙汁和水一起加熱至85℃。
❷ 砂糖和海藻果凍粉混勻後加入，以打蛋器快速攪拌溶解均勻。以濾網過濾，加入白蘭地橘子酒。倒入方盤，放進冰箱冷藏待其凝固。

最終裝飾
❶ 以湯匙將果凍搗碎後裝進玻璃杯，擺上對切成半的柳橙果肉。

檸檬萊姆凍

果凍與哈密瓜的搭配組合

材料 17人份
檸檬萊姆凍
水 1000g 檸檬皮、萊姆皮 各½顆的量
┌砂糖 200g
└海藻果凍粉 20g
檸檬汁 ½顆的量 萊姆汁 ½顆的量
檸檬酒（Limoncello） 40g
最終裝飾
哈密瓜 適量

檸檬萊姆凍
❶ 水和檸檬皮、萊姆皮一起煮沸，關火後蓋上蓋子燜15分鐘。
❷ 再一次加熱到80℃至85℃。砂糖和海藻果凍粉混勻後加入，以打蛋器快速攪拌溶解均勻。
❸ 以濾網過濾，加入檸檬汁、萊姆汁、檸檬酒。倒入方盤，放進冰箱冷藏待其凝固。

最終裝飾
❶ 以湯匙將果凍搗碎，和切成小塊的哈密瓜輪流放入玻璃杯中。

荔枝果凍

以荔枝和椰果呈現亞洲風味

材料 13人份
荔枝果凍
荔枝汁 800g
水 200g
┌砂糖 20g
└海藻果凍粉 20g
最終裝飾
椰果 適量

荔枝果凍
❶ 荔枝汁和水一起加熱至85℃。
❷ 砂糖和海藻果凍粉混勻後加入，以打蛋器快速攪拌溶解均勻。
❸ 以濾網過濾後倒入方盤，放進冰箱冷藏待其凝固。

最終裝飾
❶ 以湯匙將果凍搗碎後裝進玻璃杯，鋪上一層椰果。

葡萄果凍

在葡萄汁中添加黑醋栗香甜酒來增加香味

材料 13人份
葡萄果凍
葡萄汁 800g
水 200g
┌砂糖 20g
└海藻果凍粉 20g
黑醋栗香甜酒（Crème de Cassis） 20g
最終裝飾
德拉威葡萄 4顆／1人份

葡萄果凍
❶ 葡萄汁和水一起加熱至85℃。
❷ 砂糖和海藻果凍粉混勻後加入，以打蛋器快速攪拌溶解均勻。
❸ 以濾網過濾，加入黑醋栗香甜酒。倒入方盤，放進冰箱冷藏凝固。

最終裝飾
❶ 以湯匙將果凍搗碎後裝進玻璃杯，擺上去皮的德拉威葡萄。

香檳凍

皇家基爾酒凍　　　　　　　　　　萊姆香檳凍

覆盆子香檳凍

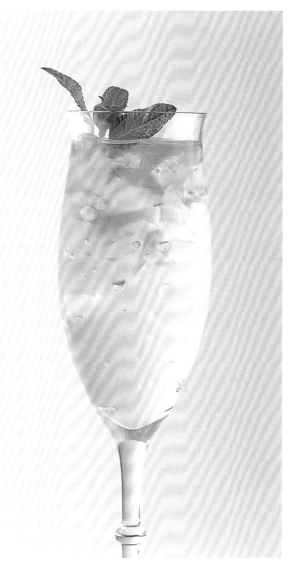

薄荷香檳凍

香檳凍

❖ 充滿香檳雞尾酒氣氛的果凍。

❖ 香檳酒不要加熱過度,稍微保留一點酒精
　成分。

皇家基爾酒凍

以經典的皇家基爾酒來調製

材料　24人份
香檳凍
水　600g
┌砂糖　180g
└海藻果凍粉　22g
香檳酒　400g
檸檬汁　30g
最終裝飾
藍莓　適量
黑醋栗香甜酒　適量
皇家基爾酒(Royal Kir)　適量

香檳凍
❶ 將水煮沸,砂糖和海藻果凍粉混勻後加入,以打
　蛋器快速攪拌溶解均勻。
❷ 加入香檳酒,加熱至80℃。關火後加入檸檬汁,
　以濾網過濾。
❸ 倒入方盤,放進冰箱冷藏待其凝固。

最終裝飾
❶ 以湯匙搗碎香檳凍後,倒入高腳香檳杯中直到
　一半的高度,上面鋪滿藍莓,最後倒入黑醋栗香
　甜酒和皇家基爾酒即可。

萊姆香檳凍

香檳和萊姆的香氣帶來清新口感

材料　17人份
香檳凍
→同左側「皇家基爾酒凍」
萊姆皮碎屑　1顆的量
最終裝飾
萊姆　⅛顆／1人份

香檳凍
❶ 作法同「皇家基爾酒凍」,不過以濾網過濾後要
　加入萊姆皮碎屑。

最終裝飾
❶ 以湯匙搗碎香檳凍,倒入高腳香檳杯中約八分
　滿,將萊姆切成8等份的瓣狀,其中一片插在杯
　口裝飾。

覆盆子香檳凍

以金巴利酒和覆盆子調出紅色雞尾酒

材料　17人份
香檳凍
→同左頁「皇家基爾酒凍」
覆盆子金巴利　4人份
覆盆子（冷凍）　50g
砂糖　25g
金巴利酒　25g

香檳凍
❶ 作法同「皇家基爾酒凍」。

覆盆子金巴利酒
❶ 冷凍覆盆子放入塑膠袋中，以擀麵棍敲碎。
❷ 把①和砂糖、金巴利酒混合。

最終裝飾
❶ 在高腳香檳杯中倒入覆盆子金巴利酒，以湯匙搗碎香檳凍後裝入杯中約九分滿，再倒入覆盆子金巴利酒即可。

薄荷香檳凍

透心涼的薄荷酒果凍

材料　17人份
香檳凍
→同左頁「皇家基爾酒凍」
最終裝飾
薄荷酒　適量
薄荷　適量

香檳凍
❶ 作法同「皇家基爾酒凍」。

最終裝飾
❶ 以湯匙搗碎香檳凍後倒入高腳香檳杯中約九分滿，再倒入薄荷酒，以薄荷葉裝飾即可。

布丁

榛果布丁

牛奶巧克力咖啡布丁

開心果布丁

南瓜布丁

栗子卡布奇諾布丁

普洱茶布丁

布丁

❖ 利用各種果泥、果醬或茶等材料,製成不同口味的色彩布丁。

❖ 取出布丁時,不要以手指按壓靠近杯口的布丁邊緣,而是直接將布丁杯倒扣在盤子上,即可自然順利取出布丁。

榛果布丁

榛果醬所製成的雙色布丁

材料　23人份
榛果布丁
┌砂糖　160g
└水　30g
牛奶　800g
鮮奶油　200g
榛果醬(烤過)　200g
全蛋　200g
蛋黃　120g
砂糖　200g
最終裝飾
焦糖榛果(→P.142)　1顆／1人份

榛果布丁
❶ 將砂糖加熱至深咖啡色,慢慢加入水稀釋調成焦糖狀。倒入直徑5.5cm×高4cm的布丁杯(容量90cc),排列在烤盤上備用。
❷ 牛奶和鮮奶油一起煮沸。
❸ 把②慢慢倒入榛果醬中一邊拌勻。
❹ 將全蛋、蛋黃、砂糖攪拌均勻,加入③中拌勻。以濾網過濾,確實濾除雜質。
❺ 倒入①的布丁杯中。把開水倒入烤盤中直到布丁杯的⅓高,放入150℃的烤箱中隔水烘烤35至40分鐘。布丁不燙手時,放入冰箱冷藏。

最終裝飾
❶ 將布丁從杯中倒在盤子上,擺上一顆焦糖榛果裝飾。

開心果布丁

以開心果醬製成的濃郁布丁

材料　23人份
開心果布丁
┌砂糖　160g
└水　30g
牛奶　800g
鮮奶油　200g
開心果醬(烤過)　150g
全蛋　200g
蛋黃　120g
砂糖　200g
最終裝飾
脆糖開心果(→P.143)　適量

開心果布丁
❶ 作法同左側「榛果布丁」,並將榛果醬替換成開心果醬。

最終裝飾
❶ 將布丁裝盤,鋪上脆糖開心果。

牛奶巧克力咖啡布丁

牛奶巧克力中帶有一絲咖啡苦味

材料　24人份
牛奶巧克力咖啡布丁
┌砂糖　160g
└水　30g
鮮奶油　720g
牛奶　480g
香草棒　1根
即溶咖啡　4.5g
牛奶巧克力(可可成分35%)　240g
蛋黃　165g　　全蛋　120g　　砂糖　180g

牛奶巧克力咖啡布丁
❶ 作法同左側「榛果布丁」的①,焦糖完成後倒入布丁杯中。
❷ 牛奶、鮮奶油和已切開的香草棒一起煮沸,關火後蓋上蓋子燜15分鐘。
❸ 在②加入即溶咖啡攪拌溶解,以濾網過濾。
❹ 在切碎的牛奶巧克力中加入少量的③充分拌勻,然後再倒入剩下的③全部混勻。
❺ 將蛋黃、全蛋、砂糖拌勻,倒入④攪拌均勻,以濾網過濾。
❻ 作法同「榛果布丁」的⑤。

最終裝飾
❶ 將布丁從杯中倒在盤子上。

南瓜布丁

特別加入和南瓜很對味的蘭姆葡萄乾

材料　28人份
南瓜布丁
┌ 砂糖　160g
└ 水　30g
牛奶　800g
鮮奶油　200g
香草棒　½根
南瓜泥　500g
全蛋　240g
蛋黃　200g
砂糖　125g
最終裝飾
蘭姆葡萄乾（→P.147）　適量

南瓜布丁
❶ 作法同左頁「榛果布丁」的①，焦糖完成後倒入布丁杯中。
❷ 牛奶和鮮奶油、已切開的香草棒一起煮沸，關火後蓋上蓋子燜15分鐘。
❸ 在②中加入南瓜泥混合均勻。
❹ 把全蛋、蛋黃、砂糖拌勻，倒入③後攪拌均勻。
❺ 倒回鍋中，一邊攪拌一邊加熱至75℃（如此一來所有食材就不會分離），再以濾網過濾。
❻ 作法同「榛果布丁」的⑤。

最終裝飾
❶ 把布丁裝盤，並擺上蘭姆葡萄乾。

栗子卡布奇諾布丁

以鬆軟的奶油製成卡布奇諾

材料　5人份
布丁
牛奶　280g
鮮奶油　180g
咖啡豆　15g
即溶咖啡　5g
蛋黃　100g
砂糖　75g
奶油
蛋奶餡（→P.146）　75g
鮮奶油　125g
糖漬栗子
去殼栗子　100g
砂糖　30g
水　100g
香草棒　⅒ 根
＊直接使用現成糖炒栗子也OK，但因為布丁的味道偏甜，所以建議自製甜度較低的糖漬栗子來搭配。
最終裝飾
粉糖　適量

布丁
❶ 牛奶和鮮奶油一起煮沸，倒入研磨好的咖啡粉後關火，蓋上蓋子燜15分鐘。加入即溶咖啡，攪拌至溶解。
❷ 將蛋黃和砂糖拌勻，倒入①攪拌均勻，以濾網過濾。
❸ 倒入濃縮咖啡杯，作法同左頁「榛果布丁」的⑤。

奶油
❶ 鮮奶油打發至六分程度，倒入蛋奶餡中拌勻。

糖漬栗子
❶ 把去殼的栗子煮熟。
❷ 砂糖、水和香草棒一起煮沸製成醬汁，倒入①再次煮沸，關火後靜置冷卻。

最終裝飾
❶ 糖漬栗子切碎撒在布丁上，再鋪一層奶油。撒上粉糖，以瓦斯噴槍烤出焦黃色。

普洱茶布丁

焦糖中加入水煮茶葉

材料　20人份
普洱茶布丁
┌ 砂糖　160g
└ 水　30g
水　100g
普洱茶葉　12g
牛奶　900g
全蛋　180g
蛋黃　120g
砂糖　150g

普洱茶布丁
❶ 作法同左頁「榛果布丁」的①，焦糖完成後倒入布丁杯中。
❷ 將水煮沸，加入普洱茶葉後關火，蓋上蓋子燜3分鐘。
❸ 以另一個鍋子煮沸牛奶，倒入②中繼續燜煮5分鐘，以濾網過濾。
❹ 將全蛋、蛋黃、砂糖拌勻，加入③攪拌均勻，以濾網過濾。
❺ 步驟③過濾出來的少量茶葉，以冷開水輕輕洗淨後切碎，放入①備用。
❻ 作法同「榛果布丁」的⑤。

最終裝飾
❶ 將布丁從杯中倒在盤子上。

夏季舒芙蕾

開心果巧克力舒芙蕾

覆盆子夏季舒芙蕾

鳳梨香蕉夏季舒芙蕾

百香果夏季舒芙蕾

夏季舒芙蕾

❖ 以蛋白霜煮軟而製成的經典甜點「雪花蛋奶（Oeufs á la neige）」。由於具有透心涼、軟綿綿的口感，因此取名為「夏季舒芙蕾」。

❖ 為了讓蛋白霜綿密扎實，製作時往往加入太多砂糖而導致過甜，很難符合現代人的口味，因此可在蛋白霜中加入海藻糖（甜度為砂糖的45%，可作出實在又綿密的蛋白霜）來調整甜度。

❖ 為避免蛋白霜特有的味道太明顯，可搭配萊姆皮碎屑來食用。當舌頭一碰觸到細小的顆粒，就可品嚐到淡淡的香味。

❖ 即使調整蛋白霜的配方，整體甜度依舊偏高，因此可搭配具酸味的醬汁或水果。

❖ 隨著擺放時間增加會逐漸出水並失去彈性，煮好後保存期限約為一天。

❖ 以製作蛋糕時容易剩餘的蛋白來製作，既不浪費又非常實惠。

開心果巧克力舒芙蕾

在心型模具中倒入溶化的牛奶巧克力

材料　30人份
牛奶巧克力奶油
鮮奶油　150g
牛奶巧克力（可可成分35%）　90g
夏季舒芙蕾
→作法同右側「覆盆子舒芙蕾」，並將琴酒換成櫻桃酒（Kirschwasser）
開心果法式香草醬
法式香草醬（→P.138）　1400g
開心果醬（烤過）　200g
最終裝飾
卡士達鮮奶油醬（Crème Diplomate）
　　　　　（→P.146）　600g
開心果　3片／1人份

牛奶巧克力奶油
❶ 鮮奶油煮沸，慢慢加入切碎的巧克力充分混勻，倒入較小的矽膠軟烤模中，放進冰箱一晚冷藏凝固（或是直接擠在夏季舒芙蕾上也OK）。

夏季舒芙蕾
❶ 作法同「覆盆子夏季舒芙蕾」的①至②，先打發蛋白霜，最後加上櫻桃酒。

❷ 在直徑7cm×高4.5cm的心型模具內塗上無鹽奶油（分量外），將①擠入模具到一半高，並以湯匙抹平邊緣以免留下空隙。

❸ 倒入巧克力奶油，再擠入①直到齊模具的高度，以橡皮刮刀抹平。

❹ 作法同「覆盆子夏季舒芙蕾」的④至⑥，煮熟後放涼。由於蛋白霜具有一定厚度，所以煮的時候必須以木杓從上面輕壓，讓模具至少有一半浸泡在熱開水中。加熱後模具內的奶油立即溶解，於是模具自然脫離往下沉。

開心果法式香草醬
❶ 和P.138一樣製作法式香草醬，不過開心果醬要和牛奶、鮮奶油、已切開的香草棒一起煮沸。

最終裝飾
❶ 將夏季舒芙蕾裝盤，以口徑7mm的圓形花嘴將卡士達鮮奶油醬擠在舒芙蕾上，再以開心果片裝飾，最後淋上開心果法式香草醬。

覆盆子夏季舒芙蕾

以星形花嘴擠出滿滿的舒芙蕾

材料　30人份
夏季舒芙蕾
蛋白　350g
萊姆皮碎屑　1顆的量
海藻糖　100g
砂糖　200g
琴酒　10g
最終裝飾
卡士達鮮奶油醬（→P.146）　600g
覆盆子　5顆／1人份
覆盆子醬（→P.138）　適量

夏季舒芙蕾
❶ 在蛋白中加入萊姆皮碎屑、海藻糖後開始打發。

❷ 出現大量泡沫時，慢慢加入砂糖再打發至九分程度，最後加入琴酒。由於加入大量砂糖，即使只打九分也不會乾乾沙沙的。

❸ 在方盤內鋪上6cm的方形玻璃紙，以口徑11mm的八角星形花嘴擠花袋，將②的蛋白霜擠出60個。

❹ 水煮沸後調為小火，讓熱開水維持在不會冒泡的溫度。為了避免蛋白霜彼此黏在一起，請選擇較寬的鍋子。

❺ 將③的蛋白霜連同玻璃紙一起放入熱開水中，約煮15秒後翻面，然後再煮15秒。翻面時，以木杓輕輕將蛋白霜壓入熱開水中再翻面即可。

❻ 取出放在方盤上，放進冰箱充分冷藏。

最終裝飾
❶ 將卡士達鮮奶油醬以口徑7mm的圓形花嘴擠在夏季舒芙蕾上，擺放覆盆子，再擠一層卡士達鮮奶油醬，最後放上另一片夏季舒芙蕾。

❷ 四周淋上覆盆子醬。

鳳梨香蕉夏季舒芙蕾

以舒芙蕾為甜點配料

材料　40人份
夏季舒芙蕾
→同左頁「覆盆子夏季舒芙蕾」
派皮
派皮（Pâte Brisée）（→P.147）　1000g
杏仁奶油醬（Crème d'amandes）
　　　　　　（→P.146）　800g
鳳梨　800g
最終裝飾
卡士達鮮奶油醬（→P.146）　600g
香蕉　600g
芒果百香果醬（→P.138）　600g

夏季舒芙蕾
❶ 作法同「覆盆子夏季舒芙蕾」，不過要擠入直徑
　7cm×高3.5cm的半圓模具中，放入冰箱約15
　分鐘，等表面凝固後再熱煮。連同模具浸入熱開
　水，按壓模具邊緣即可輕鬆脫模。

派皮
❶ 將派皮麵團擀成2mm的厚度，以直徑8.5cm的
　圓形模具裁切，共40片。
❷ 放入烤箱以180℃烤20分鐘左右。
❸ 在②擠上一層薄杏仁奶油醬，上面排列切成
　1.5cm丁狀的鳳梨。
❹ 以200℃的烤箱烤12至15分鐘，直到表面出現
　焦黃色，冷卻後備用。

最終裝飾
❶ 在派皮上擠一層薄卡士達鮮奶油醬，上面排列切
　成1.5cm丁狀的香蕉，夏季舒芙蕾撒粉糖後擺
　在最上面。
❷ 將①裝盤，倒入芒果百香果醬。

百香果夏季舒芙蕾

搭配酸味強烈的百香果奶油

材料　20人份
百香果奶油
全蛋　1顆
砂糖　65g
百香果泥　38g
檸檬皮碎屑　¼顆的量
無鹽奶油　35g
夏季舒芙蕾
→同左頁「覆盆子夏季舒芙蕾」
最終裝飾
柳橙　4顆
法式香草醬（→P.138）　適量

百香果奶油
❶ 全蛋和砂糖拌勻，加入百香果泥、檸檬皮碎屑。
　隔水加熱至85℃，同時均勻攪拌，以濾網過篩。
❷ 將奶油攪打成髮蠟狀，加入①混勻。
❸ 倒入較小的矽膠軟烤模，放進急速冷凍機冷凍
　（由於甜度高無法在一般冰箱內結凍，若沒有
　急速冷凍機，請先冷卻後再擠入夏季舒芙蕾）。

夏季舒芙蕾
❶ 作法同「覆盆子夏季舒芙蕾」①至②，打發蛋白
　霜。
❷ 在直徑6cm×高4cm的圓形模具內塗上無鹽奶
　油（分量外），擠入①直到模具的一半高，並以
　湯匙抹平邊緣以免留下空隙。
❸ 倒入百香果奶油，擠入①直到齊模具的高度，以
　橡皮刮刀抹平。
❹ 作法同「開心果巧克力夏季舒芙蕾」的④，煮後
　冷卻。

最終裝飾
❶ 將夏季舒芙蕾裝盤，上面擺放對切成半的柳橙果
　肉，四周倒入法式香草醬。

簡單的
水果甜點

鳳梨・芒果
＋異國風味醬汁

日本白桃+芒果醋

柳橙・葡萄柚
＋
檸檬草蘇打

西瓜・覆盆子
+
紅色糖漿

雙色哈蜜瓜
+
薄荷糖漿

簡單的水果甜點

❖ 結合了新鮮水果、糖漬水果及飲品的魅力，充滿新鮮感的甜點。

❖ 基本作法是切開新鮮水果，淋上糖漿或水果醋等，方式很簡單。

❖ 為了讓新鮮水果變身成為好吃甜點，請切大塊一點。

❖ 自製糖漿可利用礦泉水或蘇打水稀釋調成飲品，或是製成果凍。

鳳梨・芒果
＋異國風味醬汁

自製辛香異國風醬汁

材料　10人份
異國風味醬汁
柳橙汁　250g
蜂蜜　100g
白蘭地橘子酒　10g
柳橙皮　1顆的量
八角　1顆
丁香　1個
肉桂棒　1根
香草棒　1根
┌甜羅勒種子　1g
└水　15g
最終裝飾
鳳梨　500g
芒果　500g
薄荷　適量

異國風味醬汁
❶ 除了甜羅勒種子和水之外，所有材料全部一起煮沸，關火後蓋上蓋子燜30分鐘，以濾網過濾。
❷ 將甜羅勒種子泡水10分左右泡開。
❸ 把①和②混合，冷卻後備用。

最終裝飾
❶ 鳳梨和芒果切成1.5cm丁狀，和上述醬汁調和在一起。
❷ 將①盛裝在玻璃杯中，以薄荷葉裝飾。

日本白桃＋芒果醋

和水果超級對味的健康果醋

材料　1人份
日本白桃　½顆
芒果醋　20g

❶ 白桃對半切開，去除種子後切成薄片。
❷ 把①排放在盤子上，淋上芒果醋即可。
＊若覺得醋的酸味過於強烈，可加入適量的膠糖蜜調整味道。
＊除了芒果醋之外，也可依個人喜好來選擇其他果醋。

柳橙・葡萄柚
＋檸檬草蘇打

很適合搭配柑橘類的檸檬草

材料　1人份
柳橙　½顆
葡萄柚　¼顆
檸檬草糖漿（→P.131）　20g
蘇打水　90cc

❶ 柳橙和葡萄柚的果肉對半切開。
❷ 把①和檸檬草糖漿倒入玻璃杯，最後倒入蘇打水。

西瓜・覆盆子
＋紅色糖漿

以紅石榴糖漿、西瓜和覆盆子呈現出純紅色彩

材料　10人份
紅色糖漿
水　500g
紅石榴糖漿　80g
砂糖　60g
柳橙皮　½顆的量
君度橙酒（Cointreau）　10g
最終裝飾
西瓜　800g
覆盆子　200g

紅色糖漿
❶ 所有材料一起煮沸，關火後靜置15分鐘。以濾網過濾，充分冷卻後備用。
❷ 把①過濾後的柳橙皮切成細絲。

最終裝飾
❶ 西瓜切成1.5cm的丁狀，覆盆子對切成半。
❷ 把①放進玻璃杯中，倒入紅色糖漿，最後擺上柳橙皮絲。

雙色哈蜜瓜
＋薄荷糖漿

奢侈的紅、綠雙色哈蜜瓜組合

材料　10人份
薄荷糖漿
水　500g
檸檬皮　½顆的量
薄荷葉　10片
砂糖　60g
檸檬汁　½顆的量
薄荷酒　30g
最終裝飾
哈蜜瓜（紅、綠）　各500g

薄荷糖漿
❶ 水和檸檬皮一起煮沸，關火後加入薄荷葉，蓋上蓋子燜5分鐘。
❷ 以濾網過濾，加入砂糖、檸檬汁、薄荷酒，冷卻後備用。

最終裝飾
❶ 兩種哈蜜瓜的果肉切成一口大小。
❷ 把①輪流疊放進玻璃杯中，倒入薄荷糖漿。

新鮮的糖漬水果

糖漬白酒水蜜桃   檸檬甜煮油桃

紅石榴糖漿煮柳橙

紅酒甜煮無花果

紅茶甜煮西洋梨

新鮮的糖漬水果

❖ 糖漿控制在微甜的程度,可充分享受新鮮
口感的糖漬水果。稍微加熱,仍保留果肉
的水嫩多汁。

❖ 充滿鮮甜水果滋味的糖漿,享受甜點時請
一起飲用吧!

❖ 剩餘的糖漿以蘇打水或礦泉水稀釋調和,
即可製成美味飲品。

糖漬白酒水蜜桃

分量十足的整顆糖漬水蜜桃

材料　3人份
糖漬白酒水蜜桃
白酒　250g
水　250g
砂糖　100g
檸檬皮　½顆的量
肉桂棒　½根
日本白桃　3顆
白酒　80g
水蜜桃酒　30g
最終裝飾
覆盆子　3½顆／1人份

糖漬白酒水蜜桃
❶ 白酒、水、砂糖、檸檬皮、肉桂棒一起煮沸。
❷ 白桃去皮放入①中,蓋上燉煮用木蓋後調小火
煮20至30分鐘。等竹籤可輕鬆刺穿白桃時,關
火靜置冷卻。放進冰箱冷藏一晚,讓白桃充分入
味。
❸ 在②中加入白酒、水蜜桃酒。

最終裝飾
❶ 將整顆糖漬白桃裝盤,淋上糖漿,放入對切成半
的覆盆子。

檸檬甜煮油桃

油桃的外皮口感讓美味加倍

材料　4人份
油桃　4顆
水　500g
砂糖　150g
檸檬皮　1顆的量
檸檬酒　40g

❶ 剖開油桃取出種子,不必去皮,切成4至6等份的
瓣狀。
❷ 水和砂糖、檸檬皮一起煮沸。
❸ 把①加入②,蓋上燉煮用木蓋後轉小火約煮20
分鐘。
❹ 關閉爐火,倒入檸檬酒後靜置冷卻,放進冰箱冷
藏一晚讓油桃入味。
❺ 和糖漿一起裝盤。

紅石榴糖漿煮柳橙

以紅石榴糖漿為柳橙渲染上色彩與香氣

材料　6人份
柳橙　3顆
水　500g
砂糖　70g
紅石榴糖漿　80g
白蘭地橘子酒　40g

❶ 柳橙去皮,切除皮上的白色部分,然後切成細絲。
❷ 水和砂糖、紅石榴糖漿一起煮沸,加入①的柳橙皮絲,以小火煮5分鐘。
❸ 加入①的柳橙肉,蓋上燉煮用木蓋後再煮沸一次。
❹ 靜置放涼,倒入白蘭地橘子酒,放進冰箱冷藏一晚讓柳橙入味。
❺ 將柳橙肉一瓣瓣剝開,每瓣果肉對切成半,裝入高腳杯後倒入糖漿,並以柳橙皮絲裝飾。

紅茶甜煮西洋梨

糖煮整顆西洋梨

材料　3人份
西洋梨　3顆
水　500g
伯爵茶葉　8g
砂糖　180g
香草棒　½根

❶ 西洋梨去皮,不必切除果核。
❷ 將水煮沸,加入伯爵茶葉後關火,蓋上鍋蓋燜3分鐘,以濾網過濾。
❸ 加入砂糖和已切開的香草棒,再一次煮沸。
❹ 加入①的西洋梨,蓋上燉煮用木蓋後以小火煮20至30分鐘。關火後靜置冷卻,放進冰箱冷藏一晚,讓西洋梨入味。
❺ 將④的整顆洋梨裝進玻璃碗,淋上滿滿的糖漿。

紅酒甜煮無花果

以半乾無花果調製出濃郁的糖漿

材料　4人份
半乾無花果　30g
無花果(新鮮)　6顆
紅酒　250g
水　250g
砂糖　70g
柳橙皮　⅓顆的量
肉桂棒　½根

❶ 半乾無花果切碎,新鮮無花果去皮。
❷ 除了新鮮無花果外,所有材料一起煮沸。
❸ 加入新鮮無花果後再煮沸一次。由於半乾無花果已在糖漿中入味,即使煮散也沒關係。靜置冷卻後,放進冰箱冷藏一晚讓無花果入味。
❹ 無花果對切成半,裝進高腳杯中,淋上滿滿的糖漿。

色彩豐富的甜點組合

萊明頓糕

巧克力萊明頓糕

覆盆子萊明頓糕　　　　　　抹茶萊明頓糕

萊明頓糕（Lamington）

✤ 以海綿蛋糕吸滿巧克力醬而製成的澳洲甜點。

✤ 本單元特別示範巧克力、覆盆子和抹茶的三色組合。

巧克力萊明頓糕

基本的巧克力口味

材料　48個的量
海綿蛋糕麵糊　29cm×38cm模具一個的量
全蛋　675g
蛋黃　75g
砂糖　450g
無鹽奶油　90g
牛奶　90g
低筋麵粉　450g
巧克力醬
鮮奶油　660g
水　660g
可可粉　160g
砂糖　360g
黑巧克力（可可成分55%）　720g
組合
椰絲　適量
最終裝飾
香緹鮮奶油（→P.146）　適量
焦糖榛果（→P.142）　適量

海綿蛋糕麵糊
❶ 將全蛋、蛋黃、砂糖倒入調理盆，一邊隔水加熱，同時以打蛋器打發。
❷ 當盆內材料的溫度變得和人體肌膚表面一樣熱時，停止隔水加熱，並以攪拌器高速打至柔滑狀，確實地打發。
❸ 奶油和牛奶一起加熱，讓奶油溶化。
❹ 在②中慢慢加入低筋麵粉，一邊以橡皮刮刀仔細拌勻。
❺ 把少量的④倒入③混勻，然後再將此混合物倒回④，整個攪拌均勻。
❻ 倒入模具中直到4cm高。
❼ 以160℃的烤箱烘烤40至45分鐘。
❽ 冷卻後，切除上下的烘烤面，再切成4.5cm的立方體。

巧克力醬
❶ 鮮奶油和水一起煮沸。
❷ 可可粉和砂糖以打蛋器攪拌均勻，再慢慢加入①充分拌勻。
❸ 在切碎的巧克力中加入⅓的②充分拌勻，最後把剩下的部分也分次加入攪拌均勻。

組合
❶ 巧克力醬加熱至45℃左右。
❷ 以叉子叉住海綿蛋糕，整個浸泡在①中，然後排列在方盤上。每塊海綿蛋糕吸收巧克力醬的標準分量為40g，讓蛋糕的外圍吸收巧克力醬即可。
❸ 放進冰箱等海綿蛋糕表面的巧克力醬凝固後，撒上椰絲。

最終裝飾
❶ 擠上少量的香緹鮮奶油，再以焦糖榛果裝飾。

覆盆子萊明頓糕

覆盆子的口味變化

材料
海綿蛋糕麵糊
→同左側「巧克力萊明頓糕」
覆盆子醬
覆盆子泥　100g
水　125g
砂糖　50g
白巧克力　100g
紅色食用色素　少許
組合
椰絲　適量

覆盆子醬
❶ 覆盆子泥和水、砂糖一起煮沸，以濾網過濾。
❷ 在切碎的巧克力中加入⅓的①充分混勻，而剩下的部分也分次加入攪拌均勻，最後加入紅色食用色素調勻。

組合
❶ 作法同「巧克力萊明頓糕」。

抹茶萊明頓糕

以抹茶調製出和風口味

材料
海綿蛋糕麵糊
→同左頁「巧克力萊明頓糕」
抹茶醬
鮮奶油　140g
水　140g
砂糖　30g
抹茶　8g
白巧克力　360g
組合
椰絲　適量

抹茶醬
❶鮮奶油和水一起煮沸。
❷砂糖和抹茶充分混勻,慢慢加入①拌勻。
❸將⅓的②加入切碎的巧克力中充分混勻,而剩下
　的部分也分次加入攪拌均勻。

組合
❶作法同「巧克力萊明頓糕」

迷你泡芙點心

嫩煎蘋果泡芙

水蜜桃泡芙   哈蜜瓜泡芙

◆ 泡芙麵糊

基本分量　約600g的量
┌ 牛奶　100g
│ 水　100g
│ 無鹽奶油　90g
│ 砂糖　4g
└ 鹽　2g
低筋麵粉　110g
全蛋　約200g

❶ 牛奶和水、奶油、砂糖、鹽一起煮沸。

❷ 鍋子離開爐火,加入低筋麵粉後以打蛋器快速拌勻。

❸ 再次將鍋子置於爐火上,調中火,以木杓用力攪拌3分鐘。當鍋底浮現薄膜時,立刻讓鍋子離開爐火。

❹ 馬上倒入調理盆,以攪拌器低速攪打,將全蛋一顆一顆慢慢加入,一邊攪拌均勻。判斷麵糊完成與否,是以木杓舀起麵糊向下滴落,如果殘留在木杓上的麵糊呈三角形就表示完成。為了調出這種濃度,必須依實際情況調整全蛋的用量。

❹ 依照以下方法擠在烤盤上。

＊圓形泡芙→以口徑12mm的圓形花嘴擠出直徑4cm的半球狀。麵糊40至45g／1個。

＊迷你泡芙→以口徑8mm的圓形花嘴擠出直徑3cm的小半球狀。麵糊8至10g／1個。

＊法式閃電泡芙(Éclair)→以口徑12mm的16角星形花嘴擠出9cm的長度。麵糊35至40g／1個。

❻ 以噴霧器噴水,放入180℃至200℃的烤箱烘烤30分鐘左右。

嫩煎蘋果泡芙

以超級對味的蘋果和焦糖製成泡芙點心

材料　8人份
圓形泡芙(→同左側「泡芙麵糊」)　8個
嫩煎蘋果
蘋果(紅玉)　2顆
澄清奶油(→P.147)　20g
砂糖　30g
蘭姆葡萄乾(→P.147)　20g
最終裝飾
┌ 卡士達鮮奶油醬(→P.146)　320g
└ 蘋果白蘭地(Calvados)　10g
┌ 法式香草醬(→P.138)　適量
└ 蘋果白蘭地　分量為法式香草醬的3%
焦糖醬(→P.139)　適量

嫩煎蘋果

❶ 蘋果去皮切成12等份的瓣狀,再切成4等份。

❷ 澄清奶油和砂糖倒入平底鍋,以中火加熱,出現白色泡沫時加入①的蘋果煎到熟軟。

最終裝飾

❶ 卡士達鮮奶油醬和蘋果白蘭地混勻。

❷ 切開泡芙上半部的⅓處,擠入40g的①,並鋪上嫩煎蘋果。

❸ 法式香草醬和蘋果白蘭地混勻。

❹ 把③倒在盤子裡,擺上②的泡芙,最後淋上焦糖醬。

水蜜桃泡芙

充滿初夏氣息的冰涼泡芙

材料 6人份
圓形泡芙（→同左頁「泡芙麵糊」） 6個
檸檬草果凍
水 250g
檸檬草 8g
柳橙皮 ⅛顆的量
┌砂糖 40g
└海藻果凍粉 5.5g
最終裝飾
┌卡士達鮮奶油醬（→P.146） 240g
└櫻桃酒 7g
日本白桃 1顆
日本大石李 2顆
香緹鮮奶油（→P.146） 90g
開心果片 2片／1人份

檸檬草果凍
❶水和檸檬草、柳橙皮一起煮沸，關火後蓋上蓋子燜30分鐘。
❷以濾網過濾，再次加熱到80℃至85℃。
❸砂糖和海藻果凍粉混合後加入，以打蛋器快速攪拌均勻溶解。
❹倒入方盤，放進冰箱冷藏凝固。

最終裝飾
❶卡士達鮮奶油醬和櫻桃酒混勻。
❷白桃和大石李切成1.5cm的丁狀。
❸切開泡芙上半部的⅓處，擠入40g的①，再交互疊上②的白桃和大石李。
❹把15g的香緹鮮奶油以加熱過的湯匙舀成雞蛋狀，盛裝在③上，並以開心果片裝飾。
❺將④的泡芙裝盤，以湯匙將檸檬草果凍搗碎後倒在泡芙周圍。

哈蜜瓜泡芙

直接剁碎哈蜜瓜製成含有果肉的新鮮醬汁

材料 5人份
圓形泡芙（→同左頁「泡芙麵糊」） 5個
哈蜜瓜醬
砂糖 20g
熱開水 20g
哈蜜瓜 200g
最終裝飾
┌卡士達鮮奶油醬（→P.146） 200g
└櫻桃酒 6g
哈蜜瓜 100 g
奇異果 100 g
香緹鮮奶油（→P.146） 50g
┌螺旋泡芙（→P.141） 5片
└粉糖 適量

哈蜜瓜醬
❶砂糖和熱開水混合後攪拌至溶解，冷卻備用。
❷以刀子剁碎哈蜜瓜製成醬汁。
❸把①和②混合均勻。

最終裝飾
❶卡士達鮮奶油醬和櫻桃酒混勻。
❷哈蜜瓜、奇異果切成1.5cm的丁狀。
❸切開泡芙上半部的⅓處，擠入40g的①，再輪流疊上②的哈蜜瓜和奇異果，以圓形花嘴擠10g的香緹鮮奶油。在螺旋泡芙上撒粉糖，擺在最上面。
❹將③的泡芙裝盤，周圍倒入哈蜜瓜醬。

迷你泡芙點心

焦糖迷你泡芙

蒙布朗迷你泡芙

抹茶閃電泡芙

抹茶法式泡芙

法式泡芙

巧克力迷你泡芙

焦糖迷你泡芙

以泡芙製成小碟子，令人印象深刻

材料　1人份
迷你泡芙（→P.78「泡芙麵糊」）　4個
泡芙小碟（→P.141）1個
┌ 砂糖　100g
└ 水　30g
卡士達鮮奶油醬（→P.146）50g

❶ 砂糖和水一起加熱至180℃，關火後直接靜置以餘熱製成焦糖。
❷ 在泡芙頂端的⅓處淋上①。
❸ 以筷子或竹籤在②的底部開洞，每個泡芙分別擠入10g的卡士達鮮奶油醬。
❹ 擠少量卡士達鮮奶油醬在盤子上，擺放泡芙碟再盛裝上③。

蒙布朗迷你泡芙

以秋天盛產的栗子製成迷你泡芙點心

材料　1人份
迷你泡芙（→P.78「泡芙麵糊」）　2個
蒙布朗奶油　20人份
栗子醬　50g
栗子泥　100g
深色蘭姆酒　50g
香緹鮮奶油（→P.146）50g
最終裝飾
卡士達鮮奶油醬（→P.146）20g
香緹鮮奶油（→P.146）10g
泡芙棒（→P.141）2根
粉糖　適量
糖漬栗子　1顆

蒙布朗奶油
❶ 把栗子醬倒入調理盆，以攪拌器中速攪打至柔滑狀。加入剝碎的栗子泥，攪打至滑順時倒入深色蘭姆酒。
❷ 以濾網過濾，加入打發至九分的香緹鮮奶油，以橡皮刮刀攪拌均勻。

最終裝飾
❶ 切開泡芙上半部的⅓處，擠入10g的卡士達鮮奶油醬，再以圓形花嘴擠入5g的香緹鮮奶油。
❷ 以口徑5mm的圓形花嘴擠10g的蒙布朗奶油，蓋住香緹鮮奶油。
❸ 把②的迷你泡芙排列在盤子上，擺上泡芙棒並撒上粉糖，最後以切成一半的糖漬栗子裝飾。

抹茶閃電泡芙

以抹茶和紅豆製成日式閃電泡芙

材料　13人份
閃電泡芙（→P.78「泡芙麵糊」）　13個
抹茶蛋奶餡　26人份
┌ 牛奶　200g
└ 香草棒　½根
┌ 蛋黃　35g
└ 砂糖　50g
┌ 低筋麵粉　18g
└ 抹茶粉　5g
抹茶香緹鮮奶油
┌ 抹茶粉　4g
│ 砂糖　4g
└ 熱開水　8g
香緹鮮奶油（→P.146）250g
最終裝飾
┌ 抹茶蛋奶餡（→同上）　適量
└ 牛奶　適量
香緹鮮奶油　195g
大納言紅豆（甘納豆）　約16顆／1人份
粉糖　適量

抹茶蛋奶餡
❶ 作法同P.146的「蛋奶餡」，但要將抹茶粉和低筋麵粉一起過篩加入。

抹茶香緹鮮奶油
❶ 抹茶粉和砂糖混勻，加入熱開水後充分攪拌均勻。
❷ 把打發至八分的香緹奶油加入①混勻。

最終裝飾
❶ 以牛奶稀釋抹茶蛋奶餡。
❷ 切開閃電泡芙上半部的⅓處，擠入10g的抹茶蛋奶餡，再以口徑12mm的圓形花嘴擠入15g的香緹鮮奶油。再以口徑5mm的圓形花嘴擠上20g的抹茶香緹鮮奶油，於上層鋪滿大納言紅豆，再擠少量的抹茶香緹鮮奶油，最後覆蓋稍早切下來的泡芙上半部。
❸ 把①淋在盤子上，盛裝②的閃電泡芙並撒上粉糖。

抹茶法式泡芙

抹茶口味的法式泡芙

材料　1人份
迷你泡芙（→P.78「泡芙麵糊」）　4個
卡士達鮮奶油醬（→P.146）　40g
香緹鮮奶油（→P.146）　20g
抹茶白巧克力醬（→P.139）　適量
抹茶碎餅（→P.142）　適量

❶ 切開迷你泡芙上半部的⅓處，擠入10g的卡士達鮮奶油醬，接著以圓形花嘴擠入5g的香緹鮮奶油，最後覆蓋稍早切下來的泡芙上半部。
❷ 將①的泡芙裝盤，淋上抹茶白巧克力醬，並擺放抹茶碎餅。

法式泡芙

奶油中含有香脆的牛軋糖

材料　1人份
迷你泡芙（→P.78「泡芙麵糊」）　4個
┌卡士達鮮奶油醬（→P.146）　40g
└牛軋糖（→P.143）　4g
香緹鮮奶油（→P.146）　20g
巧克力醬（→P.139）　適量
杏仁片　適量
粉糖　適量

❶ 將卡士達鮮奶油醬和牛軋糖混勻。
❷ 切開迷你泡芙上半部的⅓處，擠入10g的①，接著以星形花嘴擠入5g的香緹鮮奶油，覆蓋稍早切下來的泡芙上半部。
❸ 將②的泡芙裝盤，淋上巧克力醬，擺上烤過的杏仁片，再撒上粉糖。

巧克力迷你泡芙

內含滿滿的巧克力卡士達鮮奶油醬

材料　1人份
迷你泡芙（→P.78「泡芙麵糊」）　3個
巧克力卡士達鮮奶油醬　14人份
可可塊　55g
蛋奶餡（→P.146）　280g
鮮奶油　100g
巧克力香緹鮮奶油　20人份
香緹鮮奶油（→P.146）　250g
巧克力醬（→P.139）　50g
最終裝飾
巧克力片（→P.144・切開）　4片
巧克力醬　適量

巧克力卡士達鮮奶油醬
❶ 以隔水加熱的方式讓可可塊溶解。
❷ 先在①中加入少量的香緹鮮奶油混勻，再倒入剩餘的全部香緹鮮奶油攪拌均勻。
❸ 將鮮奶油打發至九分發泡，倒入②攪拌均勻。

巧克力香緹鮮奶油
❶ 在打發至八分的香緹奶油中加入巧克力醬並混勻。

最終裝飾
❶ 切開迷你泡芙上半部的⅓處，以圓形花嘴擠入10g的巧克力卡士達鮮奶油醬，再以星形花嘴擠入5g的巧克力香緹鮮奶油，覆蓋稍早切下來的泡芙上半部。
❷ 在盤子上的3個不同位置擠上少量的巧克力香緹鮮奶油，再分別擺上①的迷你泡芙。
❸ 以直立的方式擺放巧克力片，並從迷你泡芙上方淋巧克力醬。

藍莓起司泡芙   黑芝麻泡芙

嫩煎鳳梨泡芙   覆盆子泡芙

藍莓起司泡芙

以香濃起司增添泡芙的美味

材料　10人份
圓形泡芙　10個
（→P.78「泡芙麵糊」，但烘烤前必須適量撒上磨成粉的艾登起司。）
藍莓醬
藍莓（冷凍）　100g
砂糖　88g
麥芽糖　38g
水　50g
┌果膠（Pectin）　3g
└砂糖　7.5g
藍莓（新鮮）　150g
黑醋栗酒　10g
最終裝飾
┌卡士達鮮奶油醬（→P.146）　400g
└櫻桃酒　12g
藍莓　約12顆／1人份
香緹鮮奶油（→P.146）　150g
粉糖　適量

藍莓醬
❶ 將冷凍的藍莓和砂糖、麥芽糖、水一起倒入鍋中，在加熱煮沸的同時一邊以木杓壓碎藍莓。
❷ 果膠和砂糖混勻，然後加入①中煮沸。
❸ 倒入藍莓醬後加熱至80℃，再倒入黑醋栗酒。

最終裝飾
❶ 卡士達鮮奶油醬和櫻桃酒混勻。
❷ 切開泡芙上半部的⅓處，擠入40g的①，將新鮮藍莓排列在上面。以圓形花嘴擠15g的香緹鮮奶油，覆蓋稍早切下來的泡芙上半部，撒上粉糖。
❸ 把藍莓醬倒在盤子上，擺放②的泡芙。

黑芝麻泡芙

結合黑芝麻與黑豆的雅致風味

材料　8人份
圓形泡芙　8個
（→P.78「泡芙麵糊」，不過烘烤前必須撒上適量的黑芝麻。）
黑芝麻蛋奶餡
┌牛奶　200g
└香草棒　½根
黑芝麻醬　60g
┌蛋黃　35g
└砂糖　50g
低筋麵粉　18g
黑芝麻香緹鮮奶油
香緹鮮奶油（→P.146）　250g
黑芝麻醬　40g
最終裝飾
┌法式香草醬（→P.138）　適量
└黑芝麻醬　分量為法式香草醬的20%
大納言黑豆（甘納豆）　8顆／1人份
粉糖　適量

黑芝麻蛋奶餡
❶ 作法同P.146「蛋奶餡」，煮沸的牛奶必須慢慢倒入黑芝麻醬混勻，再和蛋黃、砂糖的混合物一起拌勻。

黑芝麻香緹鮮奶油
❶ 將打至八分發泡的香緹鮮奶油少量加入黑芝麻醬中混勻，然後再倒入所有剩餘的香緹鮮奶油攪拌均勻。

最終裝飾
❶ 法式香草醬和黑芝麻醬混勻製成醬汁。
❷ 切開泡芙上半部的⅓處，以星形花嘴擠入40g的黑芝麻蛋奶餡。將大納言黑豆排在泡芙邊緣，再擠上35g的黑芝麻香緹鮮奶油。覆蓋稍早切下來的泡芙上半部，撒上粉糖。
❸ 將①的醬汁倒入盤中，擺上②的泡芙。

嫩煎鳳梨泡芙

把熱呼呼的嫩煎鳳梨盛裝在泡芙上

材料　7人份
圓形泡芙（→P.78「泡芙麵糊」）　7個
嫩煎鳳梨
鳳梨　150g
砂糖　15g
澄清奶油（→P.147）　10g
柳橙汁　50g
香草棒　¼根
最終裝飾
卡士達鮮奶油醬（→P.146）　280g
香緹鮮奶油（→P.146）　70g
粉糖　適量
芒果百香果醬（→P.138）　適量

嫩煎鳳梨
❶鳳梨切成1cm的丁狀。
❷砂糖和澄清奶油倒入鍋中，以中火煮成焦糖狀時加入柳橙汁和香草棒，再加入①的鳳梨，煎至熟軟。

最終裝飾
❶切開泡芙上半部的⅓處，擠入40g的卡士達鮮奶油醬，再擠上10g的香緹鮮奶油。
❷擺上嫩煎鳳梨，覆蓋稍早切下來的泡芙上半部，撒上粉糖。
❸在盤子擠上芒果百香果醬，擺放②的泡芙。

覆盆子泡芙

盛滿鮮紅莓果的泡芙

材料　6人份
圓形泡芙（→P.78「泡芙麵糊」）　6個
卡士達鮮奶油醬（→P.146）　180g
糖漬覆盆子（→P.140）　60g
覆盆子　7顆／1人份
鏡面淋醬（或鏡面果膠，Nappage Neutre）　適量
覆盆子醬（→P.138）　適量

❶切開泡芙上半部的⅓處，擠入15g的卡士達鮮奶油醬。擺放糖漬覆盆子，再擠上15g的卡士達鮮奶油醬。
❷排上新鮮覆盆子，並以擠花嘴分別擠上鏡面淋醬。
❸在盤子擠上幾滴覆盆子醬，再擺放②的泡芙。

巧克力熔岩甜點

咖啡熔岩蛋糕

抹茶熔岩蛋糕　　　　　　　　　　　　百香果‧香蕉熔岩蛋糕

巧克力熔岩甜點
法式熔岩蛋糕

❖ 把剛烤好的熔岩蛋糕（Fondant au chocolat）中央挖空，並填入甘納許巧克力（Ganache）等內餡即可享用。

❖ 一般製作熔岩蛋糕時，會把冷凍的甘納許塞進麵團中再進行烘烤的動作，在本書所介紹的方法更簡單，所以絕對不會失敗。

❖ 內餡沒有種類或口味的任何限制，可隨心所欲、變化豐富。

❖ 熔岩蛋糕烤好可以冷凍保存，自然解凍後以微波爐加熱即可食用。

咖啡熔岩蛋糕

溶出咖啡甘納許的溫暖甜點

材料　10人份
熔岩蛋糕
黑巧克力（可可成分61%）　300g
無鹽奶油　45g
低筋麵粉　24g
┌蛋白　255g
└砂糖　60g
蛋黃　60g
杏仁蛋白霜
┌杏仁粉　60g
│粉糖　60g
└牛奶　45g
┌蛋白　135g
└砂糖　110g
義式濃縮咖啡（粉）　適量
咖啡甘納許
鮮奶油　70g
義式濃縮咖啡　35g
黑巧克力（可可成分61%）　55g
牛奶巧克力（可可成分35%）　105g
最終裝飾
香緹鮮奶油（→P.146）　適量
粉糖　適量

熔岩蛋糕
❶ 在直徑7cm×高5cm的舒芙蕾碗（Cocotte）內，貼上一圈剪成24cm×6cm的防沾黏矽膠紙，底部也要鋪一張矽膠紙。
❷ 切碎的巧克力和奶油倒入調理盆，以隔水加熱的方式讓巧克力溶解，並調整溫度至35℃。
❸ 低筋麵粉倒入②並混勻。

❹ 將蛋白和砂糖確實打發。
❺ 蛋黃仔細攪拌成蛋汁，倒入④以橡皮刮刀輕輕拌勻。
❻ 把③倒入⑤並仔細攪拌均勻。
❼ 倒入①的舒芙蕾碗裡。
❽ 舒芙蕾碗排在烤盤上，將熱水倒入烤盤內，約舒芙蕾碗⅓的高度，以160℃的烤箱隔水烘烤約20分鐘。
❾ 冷卻之後，在烤好的蛋糕上面，以直徑23mm的圓柱狀模具從中央往下插入，留下1cm左右的底部，其餘挖空。

杏仁蛋白霜
❶ 杏仁粉和粉糖、牛奶混勻。
❷ 把蛋白、砂糖仔細打發成蛋白霜。
❸ 將①和②攪拌均勻。
❹ 裝入口徑7mm圓形花嘴的擠花袋中，在烘焙紙上擠出直徑1.5cm的立體錐狀，並以茶濾網輕輕撒上義式濃縮咖啡粉。
❺ 以90℃至100℃的烤箱烘烤約2小時。

咖啡甘納許
❶ 鮮奶油和義式濃縮咖啡一起煮沸。
❷ 在切碎的兩種巧克力中倒入⅓量的①混勻，接著把剩下的⅔分兩次倒入，並仔細攪拌均勻。

最終裝飾
❶ 熔岩蛋糕微波加熱後裝盤，在挖好的洞裡擠入加熱過的咖啡甘納許。
❷ 以圓形花嘴在蛋糕上擠滿香緹鮮奶油，接著在香緹鮮奶油的下方貼一圈杏仁蛋白霜（6個），而上方則貼4個杏仁蛋白霜，最後撒上粉糖。

抹茶熔岩蛋糕

與巧克力搭配得宜的抹茶苦澀味

材料　10人份
熔岩蛋糕
→同左頁「咖啡熔岩蛋糕」
抹茶甘納許
砂糖　10g
抹茶　6g
鮮奶油　105g
白巧克力　230g
抹茶香緹鮮奶油
┌ 抹茶　4g
│ 砂糖　4g
└ 熱開水　8g
香緹鮮奶油（→P.146）　250g
最終裝飾
抹茶碎餅（→P.142）　適量
大納言紅豆（甘納豆）　150g
粉糖　適量

抹茶甘納許
❶ 砂糖和抹茶混勻，加入鮮奶油後一起煮沸，並攪拌均勻。
❷ 在切碎的巧克力中倒入⅓量的①混勻，接著把剩下的⅔分兩次倒入並仔細攪拌均勻。由於白巧克力的凝固力不佳，因此會製成有點水、較不濃稠的甘納許。

抹茶香緹鮮奶油
❶ 抹茶和砂糖混合，倒入熱開水後充分拌勻。
❷ 在打到八分發泡的香緹鮮奶油中加入①混勻。

最終裝飾
❶ 熔岩蛋糕微波加熱後裝盤，在挖好的洞裡放入8顆大納言紅豆，再擠入加熱過的抹茶甘納許。
❷ 以口徑8mm的星形花嘴在上層擠滿香緹鮮奶油，擺放抹茶碎餅。蛋糕周圍以大納言紅豆裝飾，最後撒上粉糖。

百香果‧香蕉熔岩蛋糕

內含嫩煎香蕉醬及色彩鮮艷的醬汁

材料　10人份
熔岩蛋糕
→同左頁「咖啡熔岩蛋糕」
嫩煎香蕉
香蕉（全熟）　250g
無鹽奶油　20g
砂糖　25g
深色蘭姆酒　20g
最終裝飾
芒果百香果醬（→P.138）　200g
香緹鮮奶油（→P.146）　150g
巧克力片（→P.146‧圓形）　2片／1人份

嫩煎香蕉
❶ 香蕉切成1cm厚的一口大小。
❷ 奶油放入平底鍋加熱溶解，加入砂糖和香蕉，在煎的同時以木杓壓碎香蕉，並以深色蘭姆酒進行焰燒（Flambé），冷卻後裝入擠花袋中。

最終裝飾
❶ 熔岩蛋糕微波加熱後裝盤，在挖好的洞裡擠入嫩煎香蕉及芒果百香果醬。
❷ 以口徑12mm的圓形花嘴在蛋糕上擠滿香緹鮮奶油，插上2片巧克力片裝飾。

開心果巧克力蒸蛋糕

柳橙巧克力蒸蛋糕

巧克力熔岩甜點

覆盆子巧克力蒸蛋糕

巧克力熔岩甜點
巧克力蒸蛋糕

✤ 這是一道擁有「生巧克力」口感的蛋糕。製作時不加粉類,即使巧克力味道超濃也能入口即化,讓人忍不住一口接一口。

✤ 烘烤時若使用咕咕洛夫(Kouglof)烤模,就能直接利用中央的凹洞填入醬汁或內餡,輕鬆製作甜點。

開心果巧克力蒸蛋糕
濃郁的巧克力和開心果法式香草醬

巧克力蒸蛋糕
材料　17人份
┌無鹽奶油　180g
│黑巧克力(可可成分70%)　120g
└牛奶巧克力(可可成分35%)　100g
┌全蛋　300g
│砂糖　120g
└海藻糖　60g
＊加入海藻糖(→P.10)可讓麵糊更穩定扎實。
最終裝飾
巧克力片(→P.144)　適量
法式香草醬(→P.138)　250g
┌開心果醬(烤過)　50g
└開心果　2片／1人份

巧克力蒸蛋糕
❶ 將奶油、兩種切碎的巧克力倒入調理盆,以隔水加熱的方式讓巧克力溶解。
❷ 全蛋和砂糖、海藻糖攪拌均勻,隔水加熱至40℃左右,以濾網過濾。
❸ 把②分成3次加入①中混勻。
❹ 倒入直徑6.8cm×高3.5cm的咕咕洛夫軟烤模中,並排列在烤盤上。再將熱水倒入烤盤內淹到烤模的⅓高,放入130℃的烤箱隔水蒸烤30分鐘左右。

最終裝飾
❶ 以直徑5cm和2cm的圓形模具將巧克力切成圈狀。
❷ 法式香草醬和開心果醬拌勻。
❸ 把巧克力蒸蛋糕裝盤,中央的凹洞倒入②的開心果法式香草醬,並且擺上開心果片,再放上圈狀巧克力片。

柳橙巧克力蒸蛋糕
利用咕咕洛夫的中央凹洞填入內餡

材料　17人份
巧克力蒸蛋糕
→同左側「開心果巧克力蒸蛋糕」
最終裝飾
┌法式香草醬(→P.138)　340g
└柳橙果醬　170g
柳橙　4顆
柳橙果醬　170g
糖漬柳橙皮(→P.144)　適量

最終裝飾
❶ 法式香草醬和柳橙果醬混勻。
❷ 柳橙的果肉切成4等份。
❸ 巧克力蒸蛋糕裝盤,在中央凹洞擠入10g的柳橙果醬,再倒入①的柳橙法式香草醬,並放上②的柳橙果肉、糖漬柳橙皮。

◆ 製作柳橙果醬

材料
柳橙　700g
砂糖　390g
海藻糖　165g
柳橙汁　280g
┌果膠(果醬基底)　12g
└砂糖　15g

❶ 柳橙連皮一起切成16等份的瓣狀,再橫切成5mm厚的薄片。
❷ 把①和砂糖、海藻糖混合,放進冰箱冷藏一晚。
❸ 柳橙汁倒入②後開始加熱,煮沸時關火,蓋上蓋子燜15分鐘。
❹ 將③再次煮沸,去除浮垢,關火後蓋上蓋子再燜15分鐘,重覆進行3至5次直到柳橙皮煮軟為止。
❺ 把④置於爐火上,煮至白利糖度變成55%brix為止。
❻ 果膠和砂糖混勻,倒入⑤充分拌勻,待砂糖溶解後煮2至3分鐘即可。

覆盆子巧克力蒸蛋糕

覆盆子巧克力蒸蛋糕

材料　14人份
巧克力蒸蛋糕
→同左頁「開心果巧克力蒸蛋糕」，不過模具必須改
為直徑7cm×高2cm，中央沒有凹洞的圓形塔模
（Tartelette）。
最終裝飾
粉紅脆糖杏仁粒（→P.143）　適量
粉糖　適量
覆盆子　3顆／1人份
覆盆子醬（→P.138）　適量

最終裝飾
❶ 粉紅脆糖杏仁粒鋪在巧克力蒸蛋糕上，撒上粉
　糖，以對半切開的覆盆子裝飾。
❷ 在盤子上倒一圈覆盆子醬，最後放上①。

當季水果甜點

法式草莓疊石起司   草莓甜湯

草莓塔   可愛草莓千層酥

❖ 本單元將介紹草莓和蘋果等，代表不同季節的美味水果所製成的甜點，以及各種不同的搭配組合。

法式草莓疊石起司

活用起司風味的甜鹹點心

材料
法式疊石起司　25人份
無鹽奶油　200g
帕馬森乾酪（Parmigiano Reggiano）
　　　（磨碎）　25g
艾登起司（Edam）（磨碎）　25g
全蛋　25g
蛋黃　20g
┌低筋麵粉　300g
│杏仁粉　100g
└鹽（法國給宏得Guérande產）　2g
鹽、黑胡椒　各少許
起司醬　18人份
奶油起司　400g
酸奶油　160g
蛋奶餡（→P.146）　160g
粗磨黑胡椒　少許
最終裝飾
草莓　2顆／1人份
草莓果醬　適量
蘭姆酒　適量

法式疊石起司（Pavé de Fromage）
❶ 在攪拌成髮臘狀的奶油中加入兩種起司混合均勻。
❷ 全蛋和蛋黃混勻，再慢慢倒入①拌勻。
❸ 倒入粉類和鹽並混勻，放進冰箱冷藏1小時。
❹ 壓成5mm的厚度，再放進冰箱冷藏1小時。
❺ 切成7cm的正方形，輕輕撒上鹽、黑胡椒，以180℃的烤箱約烤20分鐘。

起司醬
❶ 將奶油起司、酸奶油、蛋奶餡混勻，撒上粗磨黑胡椒。

最終裝飾
❶ 在疊石起司上擠40g的起司醬。
❷ 草莓切成4等份，鋪在①上。淋上草莓果醬，以萊姆皮碎屑裝飾。

◆ 製作草莓果醬

材料
草莓　250g
砂糖　150g
┌果膠　1g
└砂糖　5g

❶ 草莓切成8等份，和砂糖混勻後靜置3小時。
❷ 把①過篩分離草莓和糖漿。
❸ 糖漿倒入鍋中加熱，煮到白利糖度變成50％brix為止。
❹ 加入②的草莓，再次煮至50％brix。
❺ 果膠和砂糖混勻後倒入鍋中，最後一次煮沸。

草莓甜湯

充滿果肉感的美味草莓甜點

材料　8人份
草莓甜湯
砂糖　40g
水　90g
草莓　280g
檸檬汁　20g
茴香酒（利口酒）　30g
最終裝飾
草莓　適量
香蕉　適量
西洋梨　適量
糖漬枸杞（→P.143）　7顆／1人份
糖漬白木耳（→P.143）　適量

草莓甜湯
❶ 砂糖和水煮沸製成糖漿，冷卻備用。
❷ 草莓倒入格紋5mm的粗網子過濾（或直接切碎亦可）。
❸ 把①和②混合，加入檸檬汁、茴香酒。

最終裝飾
❶ 草莓縱切成薄片，而香蕉、西洋梨則切成1.5cm的丁狀。
❷ 把①的草莓、香蕉、西洋梨倒入高腳杯，淋上草莓甜湯，再放上糖漬枸杞、糖漬白木耳。

草莓塔

隱藏在香甜奶味中的芒果椰子蛋白霜口感＆酸味

材料
芒果椰子蛋白霜　25人份
椰子蛋白霜　分量為P.139的½
芒果顆粒　40g
＊芒果顆粒為日本Kewpie Egg Corporation
　的商品。
最終裝飾
草莓冰淇淋　適量
香緹鮮奶油（→P.146）　適量
草莓　2½顆／1人份
覆盆子法式棉花糖（→P.144）　1個／1人份

芒果椰子蛋白霜
❶ 作法同P.139「椰子蛋白霜」，不過芒果顆粒和
　粉糖、椰絲一起過篩後加入，並以口徑8mm的
　圓形花嘴擠成細長條狀後再烘烤。

最終裝飾
❶ 在盤子上放一個直徑6cm的圓形模具，芒果椰
　子蛋白霜摺成2cm左右的長度鋪滿底部。
❷ 以冰淇淋勺將草莓冰淇淋盛裝在上面。
❸ 再鋪上一層摺好的芒果椰子蛋白霜，移開圓形
　模具。在中央擠入少量的香緹鮮奶油，四周排上
　對半切開的草莓。再擠上少量的香緹鮮奶油，最
　後擺放覆盆子法式棉花糖。

可愛草莓千層酥

以千層酥皮盛裝滿滿的草莓

材料　20人份
千層酥
千層酥皮（Pâte feuilletée）　P.147的基本分量
最終裝飾
卡士達鮮奶油醬（→P.146）　620g
草莓冰淇淋　適量
草莓　約5顆／1人份
粉糖　適量
覆盆子醬（→P.138）　適量
法式香草醬（→P.138）　適量

千層酥
❶ 把千層酥皮擀成4mm的厚度，放在冰箱冷藏一
　晚。
❷ 以直徑8cm的圓形模具裁切千層酥皮，再以直
　徑6cm的圓形模具在中央向下按壓至一半的厚
　度。
❸ 以180℃的烤箱烤30分鐘左右，烤出淺焦黃色
　後將溫度調降為160℃，再烤15分鐘，直到整個
　酥皮完全烤透。
❹ 靜置冷卻後，沿著步驟②的中央裁切線挖空酥
　皮。

最終裝飾
❶ 千層酥裝盤，在挖空的部分擠入卡士達鮮奶油
　醬。
❷ 以小型冰淇淋勺舀入草莓冰淇淋。
❸ 將草莓切成1cm丁狀，鋪在草莓冰淇淋上直到
　看不見冰淇淋為止，撒上粉糖。
❹ 千層酥周圍淋一圈覆盆子醬，外側再淋一圈法
　式香草醬。以竹籤從覆盆子醬往法式香草醬的
　方向，每隔5mm拉一條紋路。

◆ 製作草莓冰淇淋

材料　約60人份
┌ 水　375g
│ 砂糖　300g
│ 海藻糖　120g
└ 海樂糖　80g
　草莓　1200g
　煉乳　200g
　鮮奶油　600g

❶ 水和砂糖、海藻糖、海樂糖一起煮沸，靜置冷
　卻。
❷ 草莓放入果汁機中打成泥狀，並以濾網過濾。
❸ 把①、②、煉乳和鮮奶油混勻，放入冰淇淋機中
　製成冰淇淋。

青蘋果花園慕斯 焦糖蘋果白蘭地慕斯

烤蘋果　　　　　　　　　　　　蘋果&義式乳清乾酪慕斯

青蘋果花園慕斯

糖漬紅玉蘋果與青蘋果的清新組合

材料　20人份
糖漬蘋果片
蘋果（紅玉）　2顆
砂糖　200g
水　200g
檸檬汁　20g
蘋果酒　40g
青蘋果慕斯
吉利丁片　12g
蘋果酒　30g
青蘋果泥　300g
A ┌砂糖　80g
　│水　25g
　└蛋白　45g
鮮奶油　340g
組合
　┌砂糖　20g
　│水　40g
　└蘋果酒　12g
糖漬漿果（→P.140）　200g
海綿蛋糕　直徑7cm×厚1cm 20片
（→P.146．依照基本分量製作）
最終裝飾
　┌法式香草醬（→P.138）　260g
　└開心果醬（烤過）　40g

糖漬蘋果片
❶蘋果連皮切成8等份的瓣狀，去除果核，再橫切成2mm厚的薄片。
❷砂糖和水、檸檬汁、蘋果酒混合後煮沸，加入①的蘋果再次煮沸後關火，靜置冷卻入味後備用。

青蘋果慕斯
❶將已泡開的吉利丁片隔水加熱使之溶解，依序倒入蘋果酒、青蘋果泥混勻。
❷以A製作義式蛋白霜，先把砂糖和水加熱至118℃。
❸當②開始沸騰時，以中速攪拌器打發蛋白。等出現大量泡沫後改為高速，把②的糖漿沿調理盆邊緣慢慢加入，確實打發。只要打至八分發泡，即使冷卻奶泡也不會消失。
❹將鮮奶油打至八分發泡。
❺把①加入④的鮮奶油中混勻，再加入③的義式蛋白霜攪拌均勻。

組合
❶砂糖和水一起煮沸，倒入蘋果酒後關火，冷卻備用。
❷將海綿蛋糕切成1cm厚的片狀，並以直徑7cm圓形模具壓出20個圓形。
❸把5片糖漬蘋果片整齊排在直徑7cm×高2cm的圓形塔模中。
❹青蘋果慕斯擠入塔模中直到六分滿的高度，以湯匙將慕斯從中往邊緣推，使中央呈凹陷狀。
❺在慕斯中央凹陷處放入10g糖漬覆盆子，最後擠

入慕斯到齊烤模的高度。
❻在②的海綿蛋糕淋上①的糖漿，輕輕放在⑤上，放入冰箱冷凍。

最終裝飾
❶法式香草醬和開心果醬混勻。
❷將青蘋果慕斯裝盤，四周整齊排放糖漬蘋果片。最後在慕斯中央、周圍的糖漬蘋果片之間擠入①的開心果法式香草醬。

焦糖蘋果白蘭地慕斯

嫩煎蘋果與蘋果白蘭地、焦糖的協奏曲

材料　12人份
塔皮
塔皮（→P.147）　240g
焦糖奶油
砂糖　90g
鮮奶油　75g
吉利丁片　2g
嫩煎蘋果
蘋果（紅玉）　4顆
砂糖　60g
澄清奶油（→P.147）　40g
蘋果白蘭地慕斯
牛奶　125g
香草棒　⅛根
蛋黃　40g
砂糖　50g
吉利丁片　5g
鮮奶油　275g
蘋果白蘭地　30g
組合
蘭姆葡萄乾（→P.147）　48顆
鏡面淋醬　適量
最終裝飾
　┌半乾李子　1顆／1人份
　└蘋果白蘭地　適量
法式香草醬（→P.138）　適量

塔皮
❶塔皮擀成3mm厚，並以直徑9cm的圓形模具壓成圓形。以180℃的烤箱約烤20分鐘。

焦糖奶油
❶砂糖以中火加熱製成焦糖，關火後慢慢加入鮮奶油。
❷泡開的吉利丁片加入①攪拌溶解，以濾網過篩。

嫩煎蘋果
❶蘋果去皮，切成12等份的瓣狀後去除果核。
❷砂糖和澄清奶油倒入平底鍋以中火加熱，當細小泡沫整個擴散時，加入①的蘋果煎至熟軟。

蘋果白蘭地慕斯
❶牛奶和切開的香草棒一起煮沸。
❷蛋黃和砂糖攪拌均勻，加入①後繼續混勻。倒回

鍋中以中火加熱，一邊攪拌直到出現濃稠感。
❸加入已泡開的吉利丁片使之溶解，以濾網過篩。
❹鮮奶油打至八分發泡。
❺依序將蘋果白蘭地、❹的鮮奶油倒入❷中混勻。

組合
❶把直徑9cm×高1.5cm的圓形模具排在鋪著防潮玻璃紙的方盤上，分別放入切成4塊的嫩煎蘋果和4顆蘭姆葡萄乾。
❷倒入蘋果白蘭地慕斯。
❸在塔皮上塗10g的焦糖奶油，並且把塗焦糖奶油的這一面朝下擺在❷上，放入冷凍庫直到表面確實凝固為止。
❹把❸翻面讓上下顛倒，在已結凍的那一面塗上鏡面淋醬，拆掉圓形模具。切成4等份後，放入冷凍庫。
❺食用前的2至3小時，必須從冷凍庫取出並移至冰箱冷藏室內。（藉由稍長的冷藏時間，讓塔皮上的焦糖奶油慢慢溶解滲出。）

最終裝飾
❶半乾李子切成4等份，浸泡在蘋果白蘭地中。
❷把兩塊切成¼的蘋果白蘭地慕斯盛盤，慕斯之間擺放①的李子，最後從慕斯上方淋法式香草醬。

烤蘋果
簡單而直接地表現出蘋果的美味

材料　5人份
蘋果（紅玉）　5顆
[黑糖　60g
[肉桂粉　1g
[無鹽奶油　90g
[黑糖　60g
[蘭姆葡萄乾（→P.147）　30g
[核桃　30g
蘋果汁　500g

❶蘋果去皮、挖掉果核，但保留底部不挖透。
❷黑糖和肉桂粉混勻。
❸把②撒在①的蘋果上。
❹把奶油攪拌成髮蠟狀，加入黑糖、蘭姆葡萄乾、核桃後混勻。
❺在③挖掉果核的凹洞中塞滿④。
❻蘋果汁倒入方盤，並擺上一片烤網。把⑤的蘋果排在烤網上，放入140℃的烤箱中，每烤10分鐘就打開烤箱舀起方盤內的蘋果汁淋在蘋果上，約烤40分鐘，直到竹籤能刺穿蘋果為止。
❼將方盤內的蘋果汁倒入鍋中，熬煮到出現濃稠感。
❽將烤蘋果微波加熱後裝盤，淋上⑦的醬汁。

蘋果&義式乳清乾酪慕斯
蘋果醬和香脆的蘋果片

材料　36人份
肉桂塔皮
無鹽奶油　375g　　　粉糖　150g
蛋黃　150g
[低筋麵粉　450g　　杏仁粉　75g
[肉桂粉　12g
義式乳清乾酪慕斯
義式乳清乾酪（Ricotta Cheese）　750g
酸奶油　300g
檸檬皮碎屑　1 ½顆的量
檸檬汁　1 ½顆的量
檸檬酒　60g
蛋奶餡（→P.146）　240g
吉利丁片　15g
[砂糖　150g
A 水　45g
[蛋白　64g
鮮奶油（乳脂成分45%）　225g
最終裝飾
蘋果醬　540g
香緹鮮奶油（→P.146）　適量
蘋果片（→P.140）　5片／1人份
焦糖醬（→P.139）　適量

肉桂塔皮
❶作法同P.147「塔皮」，但必須將全蛋換成蛋黃，而肉桂粉和粉類一起過篩。塔皮壓成4mm厚，再切成4cm×9cm，以180℃的烤箱約烤30分鐘。

義式乳清乾酪慕斯
❶義式乳清乾酪和酸奶油混勻，加入檸檬皮碎屑、檸檬汁、檸檬酒。
❷蛋奶餡隔水加熱到與人體的表面溫度，另外吉利丁片也一樣隔水加熱溶解後，再倒入溫熱的蛋奶餡混勻。
❸把①和②混合攪拌在一起。
❹以A製作義式蛋白霜，將砂糖和水加熱至118℃。
❺當④開始沸騰時，以中速攪拌器打發蛋白。等出現大量泡沫後改為高速，把④的糖漿沿調理盆邊緣慢慢加入，確實打發。只要打至八分發泡，即使冷卻奶泡也不會消失。
❻將鮮奶油打發到八分程度。
❼依序把⑥、⑤加入③混勻。
❽裝入口徑12mm圓形花嘴的擠花袋中，在鋪有防潮玻璃紙的烤盤上連續地擠出寬3.5cm×長55cm的相連長條狀，放入冷凍庫冰5分鐘。
❾在⑧上同樣擠出寬2.5cm的相連長條狀，放進冰箱冷藏凝固後，切成9cm的長度。

最終裝飾
❶在肉桂塔皮薄薄塗上15g的蘋果醬。
❷把義式乳清乾酪慕斯擺在①上。
❸以口徑8mm的圓形花嘴擠出5個香緹鮮奶油球，每個奶油球上插一片蘋果片。
❹在盤子上擠焦糖醬，擺上③即可。

可麗餅

牛奶巧克力&咖啡布丁可麗餅

蘋果可麗餅捲

栗子可麗千層蛋糕　　　　　　　　　香蕉&鳳梨橙香火燄可麗餅

可麗餅

❖ 以不同的包捲方法，就能變化出各式各樣
  的可麗餅。

❖ 若結合季節性食材，一年四季都能品嚐
  到不同的可麗餅甜點。

❖ 一次製作大量的可麗餅皮放在冷凍庫保存，
  需要時微波加熱解凍後即可食用。

可麗餅皮

材料　直徑18cm 16片的量
全蛋　220g
砂糖　68g
低筋麵粉　120g
溶解的無鹽奶油　40g
牛奶　240g
沙拉油　適量

❶ 全蛋打散和砂糖攪拌均勻，倒入低筋麵粉繼續
　混勻。
❷ 加入已溶化的奶油混勻，再倒入加熱至40℃（約
　比人體表面溫度高一些）的牛奶攪拌均勻。
❸ 把直徑18cm的平底鍋熱鍋，內側塗上沙拉油，
　以廚房紙巾擦掉多餘的油。倒入②的麵糊約
　25cc，讓麵糊平均擴散於鍋內，煎出漂亮的焦
　黃色時翻面再煎5秒左右。
❹ 把餅皮疊放在方盤上，覆蓋保鮮膜靜置冷卻，避
　免餅皮變乾。

牛奶巧克力＆咖啡布丁可麗餅

以可麗餅包住布丁

材料　16人份
可麗餅皮（→同上述內容）　16片
牛奶巧克力布丁　24人份
→作法同P.58「牛奶巧克力與咖啡布丁」，但不加入
焦糖，並且在布丁杯上塗抹無鹽奶油。
最終裝飾
香緹鮮奶油（→P.146）　200g
巧克力醬（→P.139）　250g
榛果冰淇淋　250g
焦糖榛果（→P.142）　16顆
＊製作榛果冰淇淋→同P.19「香草冰淇淋＋榛果醬＋
　榛果餅底脆皮」的榛果冰淇淋

最終裝飾
❶ 在可麗餅皮中央放上牛奶巧克力布丁，在布丁上
　擠滿香緹鮮奶油。
❷ 將布丁包裹起來，為避免橫向外擴，放入直徑

6cm的圓形模具內調整外型，然後連同模具放
進冰箱冷藏凝固。
❸ 在盤子淋上圓形巧克力醬，把②從模具中取出擺
　盤。以小湯匙將榛果冰淇淋舀成雞蛋形疊在可
　麗餅上，並以焦糖榛果裝飾。

蘋果可麗餅捲

捲起美味的嫩煎水果

材料　10人份
可麗餅皮（→同左側內容）　10片
嫩煎蘋果
蘋果（紅玉）　520g
無鹽奶油　60g
砂糖　80g
葡萄乾　30g
奶油醬
蛋奶餡（→P.146）　250g
櫻桃酒（Kirschwasser）　12g
吉利丁片　2g
鮮奶油（乳脂成分45%）　185g
最終裝飾
法式香草醬（→P.138）　適量
杏仁片　適量

嫩煎蘋果
❶ 蘋果連皮切成4等份的瓣狀，去除果核後再橫切
　成8mm厚的薄片。
❷ 使用大鍋加熱溶化奶油，放入①的蘋果和砂糖煎
　熟，等湯汁收乾時加入葡萄乾。
❸ 分散在方盤上冷卻，並以廚房紙巾吸乾湯汁。

奶油醬
❶ 以隔水加熱的方式讓香緹鮮奶油加溫至15℃左
　右，倒入櫻桃酒混勻。
❷ 把已泡開的吉利丁片隔水加熱使之溶解，加入①
　攪拌均勻。
❸ 鮮奶油確實打發，加入②混勻。

最終裝飾
❶ 奶油醬擠在可麗餅皮上，排列嫩煎蘋果後包捲
　起來。
❷ 切成一半後裝盤，淋上法式香草醬，再撒上烤過
　的杏仁片。

栗子可麗千層蛋糕

超人氣的千層蛋糕加上栗子奶油

材料 直徑18cm 1個千層蛋糕的量
可麗餅皮（→作法同左頁） 8片
栗子奶油
蒸栗子醬 340g
蛋奶餡（→P.146） 85g
組合
香緹鮮奶油（→P.146） 430g
最終裝飾
┌法式香草醬（→P.138） 250g
└榛果醬（烤過） 50g
糖漬栗子 適量

栗子奶油
❶ 把蒸過的栗子泥以木杓攪拌至滑順，加入蛋奶餡混勻。

組合
❶ 在可麗餅皮塗上一層薄香緹鮮奶油，再以蒙布朗花嘴以螺旋的方式擠上栗子奶油，保留離餅皮邊緣1cm的部分不加奶油。
❷ 疊上另一片可麗餅皮，以手按壓讓餅皮密合。
❸ 重覆步驟①、②共疊上8片餅皮，中央會自然隆起形成半圓狀。

最終裝飾
❶ 法式香草醬和榛果醬混勻。
❷ 將栗子可麗千層蛋糕切開後裝盤，淋上①的榛果法式香草醬，再以切碎的糖漬栗子裝飾。

香蕉＆鳳梨橙香火燄可麗餅

具代表性的可麗餅甜點，以香蕉和鳳梨來呈現

材料 10人份
可麗餅皮（→作法同左頁） 20片
焦糖柳橙醬
砂糖 250g
無鹽奶油 160g
柳橙汁 400g
檸檬汁 20g
杏桃香甜酒（Apricot Liqueur） 50g
最終裝飾
香蕉 5根
鳳梨 300g
杏桃香甜酒 適量

焦糖柳橙醬
❶ 砂糖倒入鍋中加熱，製作顏色淺一點的焦糖。加入奶油，再慢慢倒入柳橙汁，最後加入檸檬汁和杏桃香甜酒。

最終裝飾
❶ 香蕉、鳳梨切成1cm的丁狀。
❷ 把①的香蕉、鳳梨倒入焦糖柳橙醬中，煮到外形開始崩解的程度，倒入杏桃香甜酒。
❸ 可麗餅皮摺四褶，放入②煮3分鐘左右直到入味。
❹ 把③的可麗餅盛裝2片在盤子上，淋上醬汁。

栗子派

季節性水果塔・派

紅玉蘋果派

英式杏子香蕉碎餅派

巨峰葡萄塔

英式藍莓碎餅派

烤西洋梨薄派

無花果派

油桃塔

季節性水果塔・派

❖ 把當季盛產的水果以塔或派的方式來呈現滋味，只要具備基本食譜就能加以運用，在一年四季品嚐各種不同的美味甜點。

❖ 不論室溫或稍微加熱都別具風味。

❖ 「塔皮（Pâte sucrée）」是酥脆的甜味揉製派皮餅，「派皮（Pâte Brisée）」是一咬即碎的微甜揉製派皮餅，而「千層酥皮（Pâte feuilletée）」則是摺疊而成的層次派皮餅。

❖ 製作時可在擠杏仁奶油醬（Crème d'amandes）的階段冷凍保存，移入冷藏室解凍後擺上水果，烘烤即可食用。

栗子派
以派皮餅包住栗子

材料　9人份
栗子派
千層酥皮（→P.147）　600g　　糖漬栗子　27顆
杏仁奶油醬（→P.146）　240g　　蛋汁　適量
最終裝飾
糖漬栗子　2顆／1人份
法式香草醬（→P.138）　適量

栗子派
❶ 將酥皮麵團擀成2mm厚的麵皮，接著再切成18cm×36cm。
❷ 較長的一邊橫向擺放，保留最前面8cm的部分，然後從靠自己的一邊往前摺疊。
❸ 以刀子在摺疊的麵皮上每隔1cm劃一道3cm長的切痕，接著把麵皮橫向旋轉180度交換前後位置，最後攤開麵皮。
❹ 在靠近自己的一邊擠上½量的杏仁奶油醬，將糖漬栗子排成2列，上面再擠剩下的½杏仁奶油醬。
❺ 以刷子在麵皮邊緣塗抹一點點水，將麵皮從最前面往自己的方向覆蓋，確實壓緊邊緣固定。
❻ 塗上蛋汁，以190℃的烤箱烤45分鐘左右。

最終裝飾
❶ 切成4cm寬後裝盤，附上糖漬栗子，倒入法式香草醬。

英式杏子香蕉碎餅派
杏子和香蕉的酸甜組合

材料　1人份
英式杏子香蕉碎餅派
千層酥皮（→P.147）　40g
糖漬杏子　2顆／1人份（→P.50「檸檬草果凍」）
香蕉　1cm厚的一口大小　3片
杏仁奶油醬（→P.146）　35g
脆碎餅皮　10g（→同右頁「藍莓脆碎餅」）
最終裝飾
法式香草醬（→P.138）　適量

英式杏子香蕉碎餅派
❶ 千層酥皮擀成2mm厚，在冰箱冷藏至少1小時，然後以直徑12cm的圓形模具壓成圓形。
❷ 糖漬杏子切成8等份，香蕉切成4等份。
❸ 在①擠一層薄杏仁奶油醬，壓入②的糖漬杏子和香蕉，並鋪上脆碎餅皮。
❹ 以190℃的烤箱約烤20分鐘。

最終裝飾
❶ 在盤子擠法式香草醬，擺上英式杏子香蕉碎餅派。

紅玉蘋果派
塞滿酸甜的紅玉蘋果

材料　1人份
紅玉蘋果派
千層酥皮（→P.147）　40g
杏仁奶油醬（→P.146）　35g
蘋果　⅖顆
最終裝飾
焦糖醬（→P.139）　適量　　香草冰淇淋　適量

紅玉蘋果派
❶ 千層酥皮擀成2mm厚，在冰箱冷藏至少1小時，然後以直徑12cm的圓形模具壓成圓形。
❷ 蘋果削皮並去除果核，對切成半再縱切成5mm厚的薄片。
❸ 在①擠一層薄杏仁奶油醬，把②的蘋果從外往內重疊排列，以190℃的烤箱約烤20分鐘。

最終裝飾
❶ 蘋果派裝盤後淋上焦糖醬，將香草冰淇淋舀成雞蛋形擺在最上面。

巨峰葡萄塔
充滿巨峰葡萄的多汁鮮嫩感

材料　1人份
塔皮（→P.147）　35g　　巨峰葡萄　3½顆
杏仁奶油醬（→P.146）　40g

❶ 塔皮擀成2mm厚，以直徑12cm的圓形模具壓成圓形，鋪進直徑9cm×高1.5cm的塔模，從底部到邊緣整個壓緊。
❷ 擠入杏仁奶油醬，再塞入連皮一起對切成半的巨峰葡萄，以180℃的烤箱約烤40分鐘。

英式藍莓碎餅派

一咬即碎的脆碎餅帶來輕盈的口感

材料　1人份
脆碎餅皮　15個的量
無鹽奶油　60g　　砂糖　60g　　鹽　0.5g
低筋麵粉　50g　　高筋麵粉　25g
碎杏仁顆粒　35g　　肉桂粉　0.5g
英式藍莓碎餅派
千層酥皮（→P.147）　40g
杏仁奶油醬（→P.146）　35g　　藍莓　12顆
最終裝飾
藍莓　6顆　　粉糖　適量

脆碎餅皮
❶ 奶油攪拌成髮蠟狀，加入砂糖和鹽混勻，再倒入粉類，攪拌至蓬鬆狀。

英式藍莓碎餅派
❷ 千層酥皮擀成2mm厚，在冰箱冷藏至少1小時，然後以直徑12cm的圓形模具壓成圓形。
❸ 擠上一層薄杏仁奶油醬，壓入藍莓，再鋪上15g的脆碎餅皮，以180℃的烤箱烤20分鐘。

最終裝飾
❶ 把藍莓擺在碎餅派上，撒上糖粉。

無花果派

水嫩多汁充滿無花果風味

材料　1人份
千層酥皮（→P.147）　40g
杏仁奶油醬（→P.146）　35g　　無花果　1顆
最終裝飾
法式香草醬（→P.138）　適量
焦糖醬（→P.139）　適量

無花果派
❶ 千層酥皮擀成2mm厚，在冰箱冷藏至少1小時，然後以直徑12cm的圓形模具壓成圓形。
❷ 無花果連皮切成7mm厚的薄片，再對切成半。
❸ 在①擠一層薄杏仁奶油醬，沿著邊緣排列10片的②，中央再擺放3片，以180℃的烤箱約烤20分鐘。

最終裝飾
❶ 盤子上倒滿法式香草醬，擠入焦糖醬後傾斜盤子旋轉一圈讓醬汁出現大理石紋路，最後放上無花果派。

烤西洋梨薄派

西洋梨與派皮緊密結合，兩側蓬鬆酥脆

材料　6人份
烤西洋梨薄派
千層酥皮（→P.147）　600g　　西洋梨　2顆
杏仁奶油醬（→P.146）　120g
最終裝飾
法式香草醬（→P.138）　適量

烤西洋梨薄派
❶ 千層酥皮擀成2mm厚，再切成12cm×36cm。
❷ 西洋梨去皮縱剖為二，再縱切成4mm厚薄片。
❸ 在①的中央薄薄擠上寬4cm的杏仁奶油醬，從邊緣開始重疊排放②的西洋梨片，以200℃的烤箱約烤40分鐘。

最終裝飾
❶ 將派切成6cm寬後裝盤，一旁淋上法式香草醬。

油桃塔

在油桃的短暫產期趁機嚐鮮

材料　20人份
塔皮
塔皮（→P.147）　700g　　蛋黃　適量
阿帕雷蛋奶液（Appaleil）
蛋黃　100g　　砂糖　120g　　玉米粉　24g
鮮奶油　380g　　牛奶　100g　　香草精　0.5g
焦糖油桃
油桃　10顆　　澄清奶油（→P.147）　50g
砂糖　100g　　檸檬汁　2顆的量　　櫻桃酒　40g
最終裝飾
香緹鮮奶油（→P.146）　適量

塔皮
❶ 塔皮擀成2mm厚，以直徑12cm的圓形模具壓出圓形。鋪進直徑9cm×高1.5cm的塔模，從底部到邊緣整個壓緊。
❷ 以180℃的烤箱約烤30分鐘，塗上攪勻的蛋黃汁，烤到表面乾燥為止。

阿帕雷蛋奶液
❶ 將蛋黃與砂糖、玉米粉攪拌均勻，加入鮮奶油、牛奶、香草精混勻。

焦糖油桃
❶ 油桃連皮縱剖為二去除果核，切成1cm厚的瓣狀，再對切成半。
❷ 澄清奶油加熱溶解，倒入砂糖製成焦糖，加入①的油桃煮至熟軟，再倒入檸檬汁、櫻桃酒。

組合
❶ 將6顆焦糖油桃擺在塔皮裡，倒入阿帕雷蛋奶液，以160℃的烤箱約烤30分鐘。

最終裝飾
❶ 將香緹鮮奶油舀成雞蛋形擺在油桃塔上。

結合麵包或酵母麵團的點心

黑櫻桃可頌布丁

柳橙可頌布丁

布里歐香蕉吐司

保斯托克風鳳梨塔   嫩煎香蕉莎瓦琳

結合麵包或酵母麵皮的點心

✣靈活運用布里歐、可頌等麵包來製作甜點。

黑櫻桃可頌布丁

不論是熱呼呼剛出爐或冰冰涼涼都好吃

材料　3人份
阿帕雷蛋奶液
牛奶　400g
鮮奶油　200g
柳橙皮　1顆的量
香草棒　1根
全蛋　4顆
砂糖　160g
組合
可頌　120g
黑櫻桃（罐裝）　18顆

阿帕雷蛋奶液
❶ 牛奶和鮮奶油、柳橙皮、切開的香草棒一起煮沸，關火後蓋上蓋子燜30分鐘。
❷ 全蛋打散和砂糖攪拌均勻，倒入①混勻，以濾網過濾。

組合
❶ 在18cm×9cm的耐熱器皿內塗抹無鹽奶油（分量外），放入切成一口大小的可頌，再倒入阿帕雷蛋奶液，再擺上去除種子並切成一半的黑櫻桃6顆。
❷ 把①擺在烤盤上，將熱水倒入烤盤內，約器皿⅓的高度，以150℃的烤箱隔水烘烤40至50分鐘。

柳橙可頌布丁

吸滿阿帕雷蛋奶液的鬆軟可頌

材料　10人份
阿帕雷蛋奶液
牛奶　400g
鮮奶油　200g
柳橙皮　1顆的量
香草棒　1根
全蛋　4顆
砂糖　160g
組合
可頌　120g
柳橙皮（5mm丁狀）　50g
巧克力片　30g
最終裝飾
柳橙　3顆
芒果百香果醬（→P.138）　適量
香緹鮮奶油（→P.146）　150g

阿帕雷蛋奶液
❶ 牛奶和鮮奶油、柳橙皮、切開的香草棒一起煮沸，關火後蓋上蓋子燜30分鐘。
❷ 全蛋打散後和砂糖攪拌均勻，倒入①混勻，以濾網過濾。

組合
❶ 在直徑6cm×高4cm的舒芙蕾碗內塗抹無鹽奶油（分量外），放入切成一口大小的可頌，再倒入阿帕雷蛋奶液，上層擺放柳橙皮、巧克力片。
❷ 把①擺在烤盤上，將熱水倒入烤盤內，約舒芙蕾碗⅓的高度，以150℃的烤箱隔水烘烤40至50分鐘。

最終裝飾
❶ 柳橙果肉切成一口大小，倒入芒果百香果醬拌勻。
❷ 柳橙可頌布丁加熱約20秒後裝盤。
❸ 上面加一球香緹鮮奶油，旁邊則擺放①的柳橙果肉。

布里歐香蕉吐司

烤得酥酥脆脆的香蕉布里歐三明治

材料　14人份
- 蛋奶餡（→P.146）　400g
- 深色蘭姆酒　20g
- 布里歐　28片
（切成7mm厚的片狀，以直徑7cm的圓形模具壓成圓形）
- 香蕉　3根
- 蘭姆葡萄乾（→P.147）　8顆／1人份

❶ 蛋奶餡和深色蘭姆酒混合均勻。
❷ 在布里歐上擠15g的①，擺上切成1cm丁狀的香蕉和蘭姆葡萄乾。再擠15g的①，蓋上另一片布里歐。
❸ 以230℃的烤箱將布里歐烤至酥脆。
＊製作布里歐→P.27

保斯托克風鳳梨塔

以布里歐製成＊保斯托克風的點心麵包
（＊Bostock）

材料　6人份
糖漿　約13人份
- 水　250g
- 砂糖　100g
- 杏仁粉　45g
- 深色蘭姆酒　10g
組合
- 布里歐　6片
（切成1.5cm厚的片狀，以直徑7cm的圓形模具壓成圓形）
- 杏仁奶油醬（→P.146）　150g
- 鳳梨　適量
- 杏仁片　適量
最終裝飾
- 粉糖　適量

糖漿
❶ 除了深色蘭姆酒，所有材料一起煮沸。稍微降溫後，倒入深色蘭姆酒。

組合
❶ 每塊布里歐淋上30g的糖漿入味。
❷ 在布里歐上擠25g的杏仁奶油醬，壓入切成1cm丁狀的鳳梨，撒上杏仁片。
❸ 以200℃的烤箱約烤15分鐘。

最終裝飾
❶ 撒上粉糖後裝盤。
＊製作布里歐→P.27

嫩煎香蕉莎瓦琳

內含滿滿蘭姆酒香的糖漿

材料　30人份
莎瓦琳餅皮
- 高筋麵粉　500g
- 砂糖　50g
- 鹽　6g
- 全蛋　330g
- 水　125g
- 活酵母　20g
- 無鹽奶油　150g
糖漿
- 砂糖　750g
- 水　1500g
- 柳橙皮　3顆的量
- 檸檬皮　1½顆的量
奶油
- 蛋奶餡（→P.146）　600g
- 深色蘭姆酒　30g
最終裝飾
- 深色蘭姆酒　180g
- 澄清奶油（→P.147）　5g／1人份
- 砂糖　10g／1人份
- 香蕉　½根／1人份
- 柳橙汁　20cc／1人份

莎瓦琳餅皮
❶ 在調理盆內倒入高筋麵粉、砂糖、鹽、全蛋、以水溶解的活酵母，以攪拌器低速攪拌3分鐘，再改為中速攪拌10分鐘。
❷ 慢慢加入打成髮臘狀的奶油，以中速再攪拌5分鐘。
❸ 在直徑7cm×高2.8cm的半球型模具中塗抹無鹽奶油（分量外），擠入35g的②。
❹ 讓麵團發酵1小時左右，直到膨脹至2倍大。
❺ 以180℃的烤箱約烤30分鐘。
❻ 把膨脹超出模具的部分切除修平。

糖漿
❶ 砂糖、水、柳橙皮和檸檬皮一起煮沸，關火後蓋上蓋子燜30分鐘，以濾網過濾。

奶油
❶ 蛋奶餡和深色蘭姆酒混勻。

最終裝飾
❶ 糖漿加熱至80℃。
❷ 把莎瓦琳餅排在方盤上，每個餅淋上40g的①，讓糖漿滲入餅中。
❸ 以刷子在②刷上深色蘭姆酒。
❹ 澄清奶油在平底鍋內加熱溶解後，加入砂糖製成焦糖狀。倒入切成1cm厚、一口大小的香蕉開始嫩煎。
❺ 在③擠上奶油，再鋪上④的嫩煎香蕉。
❻ 在盤子內倒入柳橙汁，擺上⑤的莎瓦琳，趁莎瓦琳還沒吸乾果汁前端上桌享用。

舒芙蕾

栗子舒芙蕾 開心果舒芙蕾 巧克力舒芙蕾

南瓜舒芙蕾 覆盆子舒芙蕾 咖啡舒芙蕾&法式香草醬

舒芙蕾

❖ 在剛出爐的鬆軟狀態下趁熱享用,是最受歡迎的溫暖點心。

❖ 蛋糕內隱藏著甘納許等餡料,品嚐時可帶來驚喜。

❖ 一般認為舒芙蕾很難順利烤發,但掌握其中訣竅就能輕鬆製作。

❖ 為了讓舒芙蕾立刻膨脹,在舒芙蕾碗的邊緣塗上厚厚奶油就是重點所在。

❖ 把舒芙蕾麵糊擠入舒芙蕾碗即可冷凍保存,烘烤前先暫時移至冰箱冷藏室,等完全解凍後再開始加熱。冷凍保存時,加強蛋白霜的耐凍性可降低失敗的機率,因此可在蛋白霜中加入海藻糖(→P.10)(可打出穩定、氣泡不易消失的蛋白霜)。製作時若加入海藻糖,解凍後即使在冰箱內冷藏半天的時間,依舊能維持蛋白霜的氣泡。

栗子舒芙蕾

內含濃稠甘納許的栗子舒芙蕾

材料　3人份
甘納許　30人份
鮮奶油　130g
牛奶巧克力(可可成分35%)　168g
舒芙蕾麵糊
┌牛奶　125g
└栗子泥　50g
┌蛋黃　20g
│砂糖　20g
│海藻糖　8g
│低筋麵粉　13g
│深色蘭姆酒　7g
└糖漬栗子　40g
┌蛋白　100g
│海藻糖　15g
└砂糖　20g
糖漬栗子　30g

甘納許
❶ 將鮮奶油煮沸。
❷ 在切碎的牛奶巧克力中加入½量的①,以打蛋器仔細攪拌讓巧克力溶化,再倒入剩下的½繼續混勻。
❸ 倒入方盤約1cm左右的高度,放進冰箱冷藏凝固,最後切成3.5cm的丁狀。

舒芙蕾麵糊
❶ 在直徑9cm×高4.5cm的舒芙蕾碗側面塗上無鹽奶油(分量外),接近邊緣的地方要特別塗厚一點。撒上砂糖(分量外),然後倒掉多餘的糖。
❷ 將牛奶煮沸,倒入栗子泥攪拌均勻。
❸ 蛋黃、砂糖和海藻糖仔細攪拌均勻,依序加入低筋麵粉、②後混勻。
❹ 置於爐火上,在加熱的同時一邊攪拌,直至呈現濃稠感。
❺ 冷卻到20℃左右,加入深色蘭姆酒及切碎的糖漬栗子。
❻ 在蛋白中加入海藻糖開始打發,打至七分程度時加入砂糖,繼續攪拌直到泡沫可拉出尖角。
❼ 以打蛋器把⑤打至柔滑,加一匙⑥的蛋白霜以橡皮刮刀混勻,然後再倒入剩下的蛋白霜,仔細攪拌直到蛋白霜的白色完全看不見為止。
❽ 把麵糊擠入①的舒芙蕾碗到一半高度,放入甘納許,繼續擠麵糊直到齊碗的高度,撒上切碎的糖漬栗子。
❾ 以190℃的烤箱烤8至10分鐘。
＊以栗子奶油取代甘納許也OK。
＊在蛋黃中加入海藻糖,可降低蛋奶餡的甜度,還能增加麵糊的黏度、強化筋性。

開心果舒芙蕾

濃郁開心果風味的舒芙蕾

材料　3人份
┌牛奶　125g
└開心果醬(烤過)　30g
┌蛋黃　20g
│砂糖　25g
│海藻糖　15g
│低筋麵粉　13g
└義大利苦杏酒(Amaretto)　10g
┌蛋白　100g
│海藻糖　15g
└砂糖　20g
脆糖開心果(→P.143)　適量

❶ 作法同「栗子舒芙蕾」,但以開心果醬取代栗子泥,而深色蘭姆酒則改為義大利苦杏酒,最上面的糖漬栗子換成脆糖開心果,麵糊中不需要加入甘納許。

巧克力舒芙蕾

高可可成分的巧克力讓人留下深刻印象

材料　3人份
牛奶　165g
┌蛋黃　30g
│砂糖　16g
│海藻糖　8g
│低筋麵粉　12g
└黑巧克力（可可成分70%）　65g
┌蛋白　100g
│海藻糖　15g
└砂糖　20g

❶作法同左頁「栗子舒芙蕾」，但牛奶直接煮沸不加入任何醬料，煮好倒入切碎的巧克力中混勻。麵糊內不必加入甘納許，舒芙蕾上也沒有任何裝飾。

南瓜舒芙蕾

帶有一絲蘭姆酒香的南瓜

材料　3人份
糖漬南瓜　可一次大量製作
南瓜　80g
砂糖　40g
水　100g
舒芙蕾麵糊
┌牛奶　85g
│香草棒　⅛根
│肉桂棒　¼根
└南瓜醬　60g
┌蛋黃　20g
│砂糖　14g
│海藻糖　10g
│低筋麵粉　10g
└深色蘭姆酒　10g
┌蛋白　100g
│海藻糖　15g
└砂糖　20g

糖漬南瓜
❶南瓜連皮切成2mm厚的扇形薄片。
❷砂糖和水一起煮沸，加入①的南瓜後再次煮沸。立刻將鍋子的底部浸在冰水中冷卻。

舒芙蕾麵糊
❶作法同左頁「栗子舒芙蕾」，但將栗子泥換成南瓜醬，鋪上3片糖漬南瓜後放入烤箱烘烤。

覆盆子舒芙蕾

甜中帶酸的滋味令人印象深刻

材料　3人份
┌覆盆子泥　75g
│砂糖　23g
│水　10g
└玉米粉　3g
蛋奶餡（→P.146）　75g
┌蛋白　100g
│海藻糖　15g
└砂糖　20g
覆盆子（冷凍）　適量

❶覆盆子和砂糖一起煮沸，加入以水溶解的玉米粉再次煮沸。
❷在蛋奶餡中加入①混勻。
❸以下作法和左頁「栗子舒芙蕾」的舒芙蕾麵糊⑥開始一樣（但不加甘納許），鋪上切碎的冷凍覆盆子後放入烤箱烘烤。
＊由於覆盆子具酸味，即使加入一般的甜味蛋奶餡來製作也不會太甜。

咖啡舒芙蕾＆法式香草醬

添加法式香草醬的拿鐵咖啡舒芙蕾

材料　3人份
┌牛奶　105g
│義式濃縮咖啡　37g
└香草棒　¼根
┌蛋黃　25g
│砂糖　32g
└低筋麵粉　13g
┌蛋白　100g
│海藻糖　15g
└砂糖　20g
法式香草醬（→P.138）　適量

❶牛奶和義式濃縮咖啡、香草棒一起煮沸。
❷以下作法和左頁「栗子舒芙蕾」的舒芙蕾麵糊③開始一樣（但不加入酒、淋醬、甘納許等）。
❸法式香草醬倒入奶壺內擺在一旁。

司康餅

艾登起司司康

番茄羅勒司康　　　　　　　　　　　橄欖迷迭香司康

司康餅

❖ 多變化的鹹味小零嘴。

❖ 可將司康餅切開夾入煙燻鮭魚等製成三明治，或是直接沾上醬料享用，此外當成下午茶的點心也非常合適。

艾登起司司康

重點在於艾登起司的鹽味與濃郁口感

材料　20個的量
無鹽奶油　135g
┌中筋麵粉　600g
└發粉　40g
┌全蛋　120g
│牛奶　400g
└鹽　2.5g
艾登起司碎屑　215g
細香蔥（Ciboulette）　5g
艾登起司碎屑　適量

❶把剛從冰箱取出的冷硬奶油切成1cm的丁狀。
❷粉類、①的奶油倒入調理盆，以中速攪拌器攪拌至鬆散狀。
❸放進冰箱冷藏30分鐘。
❹全蛋和牛奶、鹽混勻，放進冰箱冷藏備用。
❺把③從冰箱取出，加入艾登起司碎屑、切碎的細香蔥混勻，加入④後以攪拌器攪拌直到看不見粉狀顆粒。
❻擀成2cm的厚度，放進冰箱冷凍30分鐘。
❼切成5cm的丁狀，排列在烤盤上。撒上艾登起司，以210℃的烤箱烤20分鐘左右。

番茄羅勒司康

舌尖可品嚐到粗鹽的鹹味司康

材料　35個的量
無鹽奶油　200g
┌中筋麵粉　900g
└發粉　50g
┌全蛋　150g
│番茄汁　330g
│濃縮番茄泥　120g
└鹽　4g
番茄乾　150g
羅勒　16g
粗鹽　適量

❶把剛從冰箱取出的冷硬奶油切成1cm的丁狀。
❷粉類、①的奶油倒入調理盆，以中速攪拌器攪拌至鬆散狀。
❸放進冰箱冷藏30分鐘。
❹全蛋和番茄汁、濃縮番茄泥、鹽混勻，放入冰箱冷藏備用。
❺把③從冰箱取出，加入粗切的番茄乾及細切的羅勒混勻，加入④後以攪拌器攪拌直到看不見粉狀顆粒。
❻擀成2cm的厚度，放進冰箱冷凍30分鐘。
❼切成6cm×3cm，排列在烤盤上，撒上粗鹽。
❽以210℃的烤箱烤20分鐘左右。

橄欖迷迭香司康

橄欖的鹹味加上迷迭香的香氣

材料　60個的量
無鹽奶油　160g
┌高筋麵粉　900g
│全麥麵粉　200g
└發粉　50g
┌全蛋　120g
│砂糖　60g
│牛奶　420g
└鹽　8g
黑橄欖　200g
迷迭香　2g
橄欖油　60g

❶ 把剛從冰箱取出的冷硬奶油切成1cm的丁狀。
❷ 粉類、①的奶油倒入調理盆，以中速攪拌器攪拌至鬆散狀。
❸ 放進冰箱冷藏30分鐘。
❹ 全蛋和砂糖、牛奶、鹽混勻，放進冰箱冷藏備用。
❺ 把③從冰箱取出，加入去籽的黑橄欖、切碎的迷迭香混勻，加入④後以攪拌器攪拌直到看不見粉狀顆粒。
❻ 整理麵團，放入冰箱冷藏1小時。
❼ 分割成35g後滾圓，排列在烤盤上，以210℃的烤箱烤20分鐘左右。

香豆牛奶可可亞

自製薑汁汽水

鳳梨萊姆蘇打

法式熱紅酒

芒果薑汁汽水

漿果柳橙汁

熱柳橙蜂蜜

水蜜桃汽水

冷飲 & 熱飲

✢ 本單元將介紹以果醬基底所調製而成的飲品,並利用咖啡館必備的義式咖啡機,以奶泡器來製作各種不同的熱飲。

香豆牛奶可可亞

散發香豆香息的熱呼呼牛奶

材料　1人份
牛奶　250cc　　香豆(薰草豆‧Tonka bean)　1顆
牛奶巧克力(可可成分35%)　120g
巧克力片(→P.144‧製成心型)　1片
＊香豆可散發出如櫻花般的獨特香氣。

❶ 把香豆浸泡在150cc的牛奶中一晚。
❷ 將牛奶巧克力放進杯中,以咖啡機的奶泡器加熱①後倒入,上層飄浮一片心型巧克力。

鳳梨萊姆蘇打

以蘇打來稀釋濃稠的果醬基底

材料　1人份
鳳梨萊姆果醬基底　45g
冰塊　適量　　蘇打水　125cc

❶ 把鳳梨萊姆果醬基底倒入杯中,加入冰塊後倒蘇打水即可。

◆ 鳳梨萊姆果醬基底

材料　約150g
鳳梨萊姆果醬　100g
波美度27°的糖漿　50cc

❶ 把鳳梨萊姆果醬的果肉細切成可通過吸管的大小,然後和糖漿混勻。
＊可利用任何果醬來加以調製,運用上極為自由靈活。

◆ *波美度27°的糖漿
(*Baumé degree)

材料　約450cc的量
砂糖　300g　　水　300cc

❶ 砂糖和水一起煮沸使之溶解,靜置冷卻。

自製薑汁汽水

薑和肉桂、丁香帶來刺激的風味

材料　1人份
冰塊　適量　　薑汁糖漿　40cc
蘇打水　125cc　　檸檬片　1片

❶ 冰塊、薑汁糖漿放入玻璃杯後倒入蘇打水,以一片飄浮檸檬片為裝飾。

◆ 薑汁糖漿

材料　200至220cc的量
薑　100g　　肉桂棒　3cm長
砂糖　200g　　丁香　3個
水　200cc

❶ 順著薑的纖維切成2mm厚的薄片,肉桂棒切碎。
❷ 所有材料倒入鍋中以小火加熱,開始沸騰時把火調小讓鍋子中央持續冒出泡泡,以此狀態煮20分鐘左右,然後過濾。
＊裝入密閉容器中冷藏保存。

法式熱紅酒 (Vin chaud)

充滿果香的辛辣熱紅酒

材料　4人份
紅酒(甜味)　500cc　　柳橙　½顆
檸檬　1/2顆　　肉桂棒　6cm長
丁香　4個　　砂糖　80g

❶ 柳橙切成1cm厚的片狀,再切成4等份。檸檬切片,再對切成半。肉桂棒敲碎,和丁香一起放進泡茶用的濾紙袋中。
❷ 紅酒和①、砂糖倒入鍋中後加熱,快煮沸前關閉爐火,直接放置一晚浸泡入味。
❸ 食用前再加熱一次即可。
＊浸泡一天就會充滿果香,帶來水果的風味。若浸泡兩天,味道會變得更濃郁。

芒果薑汁汽水

芒果口味的熱帶清涼飲料

材料　1人份
芒果薄荷糖漿　50cc
薑汁糖漿（→同左頁）　6cc
冰塊　適量　　蘇打水　100cc

❶把芒果薄荷糖漿、薑汁糖漿、冰塊倒入玻璃杯中，再倒入蘇打水。

◆ 芒果薄荷糖漿

材料　100cc的量
芒果醬　50cc（→P.130「芒果優酪乳」）
薄荷糖漿　50cc

❶把芒果醬和薄荷糖漿攪拌均勻。
＊裝入密閉容器中冷藏保存。

◆ 薄荷糖漿

材料　約150cc的量
砂糖　50g　　水　100g
薄荷葉（只使用嫩葉）　4g

❶砂糖和水一起煮沸，關火後放入薄荷葉，蓋上蓋子燜3分半鐘。以濾網過濾後放置冷卻。
＊裝入密閉容器中冷藏保存。

熱柳橙蜂蜜

隨熱氣一起散發的柳橙香

材料　1人份
柳橙汁　150cc
蜂蜜覆盆子　2茶匙
肉桂粉　適量

❶柳橙汁和蜂蜜混合，倒入奶泡器中加熱。
❷倒入杯中，撒上肉桂粉。

漿果柳橙汁

3種漿果和柳橙的濃郁口感

材料　1人份
漿果醬　45g　　柳橙汁　120cc
冰塊　適量　　覆盆子、藍莓　各適量

❶漿果醬和柳橙汁混勻。
❷冰塊放進玻璃杯再倒入①，然後加入覆盆子、藍莓。

◆ 漿果醬

材料　約890g的量
覆盆子（冷凍）　200g
藍莓（冷凍）　67g
紅醋栗（冷凍）　33g
砂糖　66g　　水　83g
丁香　0.65g　　八角　0.65g
波美度27°的糖漿（→左頁）　440g

❶讓3種漿果解凍。砂糖、水、丁香、八角放入鍋中煮沸，關火後蓋上蓋子浸泡10分鐘讓鍋子降溫。
❷倒入果汁機打成汁後以濾網過濾，然後倒入糖漿混勻。
＊可冷凍保存。
＊除了柳橙汁之外還可加入蘇打水調成汽水，和香甜的茶也很對味，非常適合當成飲品的製作基底。

水蜜桃汽水

以糖煮水果製作糖漿當成飲料的基底

材料　1人份
水蜜桃糖漿　100cc
冰塊　適量　　蘇打水　70cc

❶把水蜜桃糖漿、冰塊放進玻璃杯中，再倒入蘇打水。

◆ 水蜜桃糖漿

材料　約200cc的量
糖漬水蜜桃　100g
糖漬水果的糖漿　100g

❶糖漬水蜜桃和糖漿放入果汁機中打成汁，以濾網過濾。
＊裝入密閉容器中冷藏保存。
＊以市售的糖漬水果為基底，搭配各種水果來製作也OK。

芒果優酪乳

蘋果蘇打

太妃糖牛奶

抹茶牛奶

檸檬草蘇打

水蜜桃香檳

栗子奶昔

南瓜牛奶

芒果優酪乳

芒果＋優格的酸甜清爽飲品

材料　1人份
芒果醬　30cc
優格　70cc
牛奶　70cc
冰塊　3塊
芒果醬　適量

❶芒果醬和優格確實混合，加入牛奶後繼續攪拌均勻。
❷把①和冰塊倒入雪克杯用力搖晃，整個雪克杯摸起來冰涼即完成。
❸倒入玻璃杯中，以芒果醬畫出微笑圖案。

◆ 芒果醬

材料　約130cc的量
芒果泥　100g
波美度27°的糖漿（→P.126）　75g

❶芒果泥倒入果汁機打成汁，以濾網過濾，加入糖漿混勻。
＊裝入密閉容器中冷藏保存。

太妃糖牛奶

以自製太妃糖奶油加入熱牛奶

材料　1人份
太妃糖奶油　15g
牛奶　160cc
太妃糖奶油　適量

❶把太妃糖奶油倒入杯中。
❷利用奶泡器加熱牛奶，倒入①，並以太妃糖奶油畫出圖案。
＊使用市售牛奶醬（Milk Jam）也OK。

◆ 太妃糖奶油

材料　約2200g的量
砂糖　135g
鮮奶油　90g
煉乳　2000g

❶砂糖加熱製成焦糖，關閉爐火後把鮮奶油分三次加入並一邊攪拌。
❷把①倒入煉乳混勻，以濾網過濾。
❸倒入密封罐中，蓋緊蓋子，放入風熱對流烤箱以100℃加熱1.5小時。

蘋果蘇打

適合在蘋果產季品嚐的蘇打飲料

材料　1人份
蘋果醬　40g
檸檬汁　4g
冰塊　適量
蘇打水　70cc
蘋果片　1片

❶蘋果醬、檸檬汁、冰塊、蘇打水倒入玻璃杯中，以蘋果薄片綴飾在杯口。

◆ 蘋果醬

材料　380g的量
蘋果（日本津輕蘋果）　170g
砂糖　100g
水　100cc
檸檬汁　15g
檸檬片　1片
肉桂棒　3cm長

❶蘋果連皮切成8等份的瓣狀，去除果核後切成2mm厚的薄片。
❷肉桂棒以外的材料全部倒入鍋中，以中火加熱，沸騰時轉小火煮30分鐘。中途若出現泡垢，以湯匙舀掉。當蘋果變軟，外皮從紅色變成焦糖色時，加入肉桂棒再煮30分鐘。
❸等鍋子稍微降溫，把②煮好的材料放入果汁機打成汁，以濾網過濾。
＊使用甜度極高的津輕蘋果來製作。
＊裝入密閉容器中冷藏保存。

抹茶牛奶

以奶泡器製作和風熱牛奶

材料　1人份
抹茶泥　5g
抹茶醬（→P.75「抹茶萊明頓糕」）　35g
牛奶　140cc
抹茶粉　適量

❶把抹茶泥和抹茶醬、牛奶混勻，以奶泡器加熱。倒入杯中，撒上抹茶粉。

◆ 抹茶泥

材料　約40g的量
抹茶粉　10g
砂糖　10g
熱開水　20g

❶抹茶粉和砂糖充分混勻，倒入熱開水仔細攪拌均勻。

檸檬草蘇打

充滿清涼感的新鮮蘇打

材料　1人份
檸檬草糖漿　20cc
冰塊　適量
蘇打水　90cc
檸檬草　1根

❶把檸檬草糖漿、冰塊倒進玻璃杯中,再倒入蘇打水,以檸檬草裝飾。

◆ 檸檬草糖漿

材料　約500cc的量
砂糖　200g
水　400g
檸檬草　60g
柳橙皮　¼顆的量

❶所有材料一起煮沸,轉小火後再煮20分鐘。
❷以濾網過濾。
＊裝入密閉容器中冷藏保存。

栗子奶昔

香醇濃厚又順口的奶昔

材料　1人份
栗子醬　100g
牛奶　50cc
鮮奶油　20g
冰塊　適量
鮮奶油　適量

❶栗子醬、牛奶、鮮奶油、冰塊倒入雪克杯中用力搖晃,整個雪克杯摸起來冰涼即完成。
❷倒入玻璃杯中,以極慢的速度將打發的鮮奶油倒在上層。

◆ 栗子醬

材料　約110g的量
栗子泥　50g
牛奶　50g
深色蘭姆酒　2茶匙

❶把所有的材料混合均勻即可。

水蜜桃香檳

在水蜜桃冰塊中注入香檳

材料　1人份
水蜜桃醬　280g(製成5塊心型冰塊)
香檳　90cc

❶水蜜桃醬倒入心型製冰盒,冷凍製成冰塊。
❷把水蜜桃冰塊倒入玻璃杯中。
❸倒入香檳即可飲用。

◆ 水蜜桃醬

材料　約600g的量
糖漬水蜜桃的糖漿　500g
波美度27°的糖漿(→P.126)　75g
水蜜桃濃縮果汁　25g
檸檬汁　15g

❶把所有的材料混合均勻即可。

南瓜牛奶

溫暖入心坎的熱牛奶

材料　1人份
南瓜醬　50g
牛奶　135cc
肉桂粉　適量
糖漬南瓜　1片(→P.119「南瓜舒芙蕾」糖漬南瓜)

❶南瓜醬倒入杯中。
❷以奶泡器加熱牛奶,倒入1中。
❸撒上肉桂粉,飄浮一片南瓜片。

◆ 南瓜醬

材料　約135g的量
南瓜醬　75g
波美度27°的糖漿(→P.126)　63g
香草精　適量

❶南瓜醬和糖漿混勻,以中火加熱。煮至沸騰,加熱至顏色變深為止。
❷倒入果汁機打成汁,以濾網過濾,滴入香草精。
＊由於香草精的味道容易揮發,若要長期保存時請放入冷凍庫。

滿滿一口的幸福感受
花色小蛋糕

巧克力蒸蛋糕

栗子馬卡龍塔

巧克摩卡塔

覆盆子馬卡龍塔

月餅

核桃餅乾

黑豆費南雪

覆盆子馬卡龍

巧克力柳橙

布列塔尼酥餅

百香果馬卡龍

起司棒

❖餐廳用餐後搭配咖啡或茶飲一起品嚐的小甜點,在咖啡館也經常和飲料組合在一起,或當成下午茶的一道單品,運用範圍極廣。

巧克力蒸蛋糕

彷彿生巧克力般入口即化的巧克力小糕點

材料　96個的量
覆盆子醬
覆盆子(冷凍)　200g
砂糖　75g
海藻糖　140g
海樂糖　40g
┌果膠　13g
└砂糖　10g
＊搭配海藻糖和海樂糖可降低甜味,帶來清爽口感(→P.10、P.22)。
巧克力麵糊
┌無鹽奶油　180g
│黑巧克力(可可成分70%)　120g
└牛奶巧克力(可可成分35%)　100g
┌全蛋　300g
│砂糖　120g
└海藻糖　60g

覆盆子醬
❶將冷凍的覆盆子和砂糖、海藻糖、海樂糖一起煮沸。
❷果膠和砂糖混合後加入,以打蛋器攪拌至溶解,煮3分鐘使之沸騰。

巧克力麵糊
❶把煮好的熱覆盆子醬擠入直徑3.5cm×高2cm的半球軟烤模,靜置冷卻。
❷作法同P.94「開心果巧克力蒸蛋糕」的巧克力蒸蛋糕①至③。
❸把②倒入①,排在烤盤上,將熱水倒入烤盤內,約到烤模的⅓高度,以130℃的烤箱隔水烘烤約25分鐘。
❹放入冷凍庫凝結,脫模後靜置自然解凍。

栗子馬卡龍塔

以綿密的馬卡龍製成迷你塔

材料　30個的量
派皮
派皮(→P.147)　230g
馬卡龍
生杏仁糊(Raw marziapn)　250g
杏桃果醬　13g
蛋白　55g
栗子奶油
蛋奶餡(→P.146)　85g
蒸栗子醬　340g
最終裝飾
鮮奶油　200g
糖漬栗子　7½顆

派皮
❶把派皮擀成2mm的厚度,以直徑3cm圓形模具壓出圓形。

馬卡龍
❶生杏仁糊和杏桃果醬混合,慢慢加入蛋白一邊混勻。
❷以口徑10mm的圓形花嘴在派皮上擠出環狀。
❸放入烤箱,以上火180℃／下火200℃約烤30分鐘。

栗子奶油
❶蛋奶餡和蒸栗子醬混勻。

最終裝飾
❶鮮奶油打發至八分程度。
❷在塔的中央擠入①,以口徑5mm的圓形擠花嘴將栗子奶油擠在上面,再以切成4等份的糖漬栗子裝飾。

巧克摩卡塔

入口即化的雙口味甘納許塔

材料　50個的量
巧克力塔皮
無鹽奶油　125g
砂糖　100g
┌低筋麵粉　150g
└可可粉　50g
巧克力甘納許
鮮奶油　285g
黑巧克力（可可成分55%）　390g
牛奶巧克力甘納許
鮮奶油　185g
濃縮咖啡（→P.147或使用咖啡精）　22g
牛奶巧克力（可可成分35%）　280g
最終裝飾
巧克力片（→P.144）　巧克力100g

巧克力塔皮
❶把恢復室溫、攪成髮蠟狀的稍硬奶油和砂糖倒入調理盆，以中低速的攪拌器攪拌均勻。
❷倒入粉類後繼續攪拌均勻。只要整體混勻即可，不要過度攪拌。
❸以保鮮膜包起來，放進冰箱至少冷藏1小時。
❹擀成3.5mm的厚度，鋪進30cm×20cm的模具底部，以180℃的烤箱約烤30分鐘。

巧克力甘納許
❶將鮮奶油煮沸，巧克力切碎後先倒入一半攪拌至溶化，再倒入剩下的巧克力混勻。
❷等溫度降到跟人體表面相同時，倒在巧克力塔皮上，放進冰箱冷藏凝固。

牛奶巧克力甘納許
❶鮮奶油和濃縮咖啡一起煮沸，巧克力切碎後先倒入一半攪拌至溶化，再倒入剩下的巧克力混勻。
❷等溫度降到和肌膚相同時，倒在巧克力甘納許上，放進冰箱一晚冷藏凝固。
❸從模具取出後切成3cm×4cm。

最終裝飾
❶巧克力片切成3cm×4cm。
❷把①鋪在巧克力塔上。

覆盆子馬卡龍塔

覆盆子口味的馬卡龍塔

材料　30個的量
派皮
派皮（→P.147）　230g
馬可龍
生杏仁糊　250g
杏桃果醬　13g
蛋白　55g
奶油
蛋奶餡（→P.146）　180g
櫻桃酒　10g
鮮奶油（乳脂成分45%）　140g
最終裝飾
覆盆子　90顆
粉糖　適量
開心果片　30片

派皮
❶作法同左頁「栗子馬卡龍塔」。

馬卡龍
❶作法同「栗子馬卡龍塔」。

奶油
❶蛋奶餡和櫻桃酒混合均勻。
❷鮮奶油充分打發，加入①中混勻。

最終裝飾
❶在馬卡龍塔擠上高山狀的奶油，周圍擺放3顆覆盆子。撒上粉糖，以一片開心果片裝飾。

月餅

內含超多堅果、水果乾的中式糕餅

材料　30個的量
A ┌ 砂糖　20g＋150g
　├ 水　250g
　├ 檸檬　⅛顆
　└ 梅乾　½顆
低筋麵粉　330g
沙拉油　36g
芝麻油　36g
B ┌ 生杏仁糊　270g
　├ 葡萄乾　360g
　├ 蔓越莓乾　360g
　└ 藍莓乾　360g
C ┌ 蛋黃　適量
　└ 砂糖　分量為蛋黃的20%

❶ 以A製作糖漿。把20g的砂糖加熱至焦糖狀,加水後停止加熱,倒入砂糖150g、切成圓片狀的檸檬及梅乾。繼續熬煮糖漿直到剩215g,冷卻後備用。
❷ 在低筋麵粉中加入①的糖漿、沙拉油、芝麻油後充分攪拌均勻,放進冰箱冷藏1至2小時。
❸ 混合B製成餡料。
❹ 把②的麵團分割成16g,擀成薄圓片,包入50g的③。
❺ 放入直徑7cm×高5cm的舒芙蕾碗中,從上面壓平成型。
❻ 混合C的蛋黃和砂糖,塗在⑤上,以170℃的烤箱烤12分鐘左右。

核桃餅乾

酥脆可口的一口餅乾

材料　70個的量
無鹽奶油　225g
粉糖　70g
鹽　2g
┌ 低筋麵粉　150g
└ 高筋麵粉　150g
核桃　100g
粉糖　適量

❶ 將奶油攪拌成髮蠟狀,倒入粉糖、鹽混勻。加入粉類混勻,再加入烤過並切碎的核桃,放進冰箱冷藏30分鐘。
❷ 每10g滾圓,排列在烤盤上,以180℃的烤箱烤25分鐘左右。
❸ 冷卻到微溫的狀態,撒上粉糖。
❹ 完全冷卻後,再撒一次粉糖。

黑豆費南雪（Financier）

以和風食材製成的基本款點心

材料　40個的量
發酵奶油　190g　　蛋白　155g
粉糖　145g　　香草精　1g
┌ 杏仁粉　48g
├ 榛果粉　24g
├ 高筋麵粉　30g
└ 低筋麵粉　25g
大納言黑豆（甘納豆）　40顆

❶ 發酵奶油加熱到變成淺咖啡色,以濾網過濾。
❷ 粉糖和香草精加入蛋白中混勻,加入粉類混勻,再加入①攪拌均勻。
❸ 將黑豆一顆顆放入直徑3.5cm×高2cm的半球型軟烤模中,擠入②。
❹ 以220℃的烤箱烤10分鐘左右。

覆盆子馬卡龍

酸甜滋味的覆盆子馬卡龍

材料　40個的量
馬卡龍
┌ 粉糖　130g＋60g
└ 杏仁粉　130g
┌ 蛋白　90g
├ 乾燥蛋白　2g
├ 砂糖　36g
└ 紅色食用色素　少許
＊為了讓蛋白霜更扎實,因此加入乾燥蛋白。
覆盆子奶油
無鹽奶油　100g
覆盆子醬　100g
（→P.134「巧克力蒸蛋糕」,但果膠改為10g）
櫻桃酒　8g

馬卡龍
❶ 把130g的粉糖和杏仁粉倒入食物處理機中攪拌均勻,再加入60g的粉糖。
❷ 將蛋白、乾燥蛋白和少量砂糖打發後,加入剩下的砂糖打至泡沫能拉出尖角的程度,再加入紅色食用色素染色。
❸ 把①倒入②,並以木杓攪拌均勻。利用刮刀將麵糊由下往上翻疊,適度去除氣泡,直到出現濃稠的硬度。裝入135cc的量杯測量,調整成125g左右。
❹ 擠成直徑3cm,輕輕敲打烤盤讓麵糊平坦。
❺ 以150℃的烤箱烤16分鐘左右。

覆盆子奶油
❶ 把奶油攪拌成髮蠟狀,倒入覆盆子醬、櫻桃酒混勻。

最終裝飾
❶ 在馬卡龍擠5g的覆盆子奶油,再覆蓋另一片馬卡龍。

巧克力柳橙

柳橙與巧克力的超優組合

材料　40片的量
糖漬柳橙片　10片
黑巧克力（可可成分55%）　100g

❶ 將糖漬柳橙片切成4等份。
❷ 巧克力進行調溫的動作（→P.145），把①的果肉一部分浸入其中，然後靜置凝固。

布列塔尼酥餅（Sables Breton）

令人感覺熟悉的微鹹酥餅

材料　50片的量
無鹽奶油　350g
粉糖　210g
鹽　3.5g
蛋黃　85g
深色蘭姆酒　35g
低筋麵粉　350g
蛋黃　適量

❶ 奶油攪拌成髮蠟狀，加入粉糖、鹽混勻，慢慢加入蛋黃攪拌均勻，再倒入深色蘭姆酒、低筋麵粉混合均勻，放進冰箱冷藏1小時。
❷ 擀成6mm厚的薄片，利用直徑3.5cm的圓形模具壓出圓形。
❸ 塗上打散的蛋黃，以叉子畫出條狀花紋。
❹ 以180℃的烤箱烤25分鐘左右。

百香果馬卡龍

酸得恰恰好的百香果馬卡龍

材料　40個的份
馬卡龍
→作法同左頁「覆盆子馬卡龍」，但改為黃色食用色素
百香果奶油
百香果泥　200g
全蛋　75g
蛋黃　60g
砂糖　80g
鮮奶油粉（Poudre a crème）　12.5g
無鹽奶油　75g
＊鮮奶油粉是用來製作蛋奶餡的粉類製品，可增加奶香風味。如果不使用鮮奶油粉，也可以同分量的低筋麵粉來取代。

百香果奶油
❶ 將百香果泥煮沸。
❷ 全蛋和蛋黃、砂糖攪拌均勻，加入鮮奶油粉後混勻。
❸ 把①加入②混勻，倒回鍋中煮沸。
❹ 以濾網過濾，冷卻到40℃時加入奶油混勻。

最終裝飾
❶ 在馬卡龍擠5g的百香果奶油，覆蓋上另一片馬卡龍。

起司棒

略帶胡椒味的艾登起司棒

材料　30根的量
千層酥皮（→P.147）　12cm×15cm 1片
艾登起司碎屑　20g
黑胡椒　適量

❶ 千層酥皮擀成2mm厚的薄片，以噴霧器輕輕噴濕表面。撒上艾登起司碎屑，再撒上黑胡椒。餅皮翻面，重複相同作法。
❷ 切成長12cm×寬5mm的條狀，每一條扭轉成型後排在烤盤上，放入冰箱冷藏1小時。
❸ 以180℃的烤箱烤15分鐘左右。

甜點裝飾配料

淋醬、糖漬物、
堅果、水果 etc.

法式香草醬

材料　約1400g的量
┌ 牛奶　600g
│ 鮮奶油　400g
└ 香草棒　1根
┌ 蛋黃　280g
└ 砂糖　125g

❶ 牛奶和鮮奶油、切開的香草棒一起煮沸。
❷ 蛋黃和砂糖攪拌均勻，加入①拌勻後倒回鍋
　中，以中火加熱，利用打蛋器攪拌直到83℃並
　出現濃稠感為止。
❸ 以濾網過濾，靜置冷卻。
＊放入醬料瓶中備用。

覆盆子醬

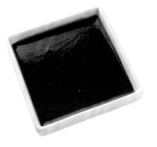

材料　約650g的量
玉米粉　12g
水　200g
覆盆子泥　300g
砂糖　125g
櫻桃酒　20g

❶ 把少量的水加入玉米粉中拌勻。
❷ 覆盆子泥和剩餘的水、砂糖一起煮沸。加入①
　後再次煮沸，並以打蛋器同時攪拌混勻，最後
　倒入櫻桃酒。
❸ 以濾網過濾，靜置冷卻。
＊放入醬料瓶中備用。

芒果百香果醬

材料　約180g的量
┌ 砂糖　25g
└ 水　25g
芒果泥　100g
百香果泥　30g

❶ 砂糖和水煮沸後靜置冷卻，製成糖漿。
❷ 把①和芒果、百香果泥混勻。
＊放入醬料瓶中備用。

焦糖醬

材料　約400g的量
砂糖　200g
鮮奶油　200g
深色蘭姆酒　8g

❶ 鍋子以大火預熱，倒入適量砂糖後以木杓攪拌，待砂糖溶解後再加入少量的糖，繼續加熱攪拌至溶解。
❷ 當所有砂糖都溶解時，轉為中火慢慢加熱，直到整鍋糖漿不斷冒泡時關火。
❸ 加入鮮奶油立刻攪拌，再倒入深色蘭姆酒，靜置冷卻。
＊放入醬料瓶中備用。

抹茶白巧克力醬

材料　完成分量約400g
┌ 抹茶粉　6g
└ 砂糖　6g
鮮奶油　200g
白巧克力　200g

❶ 抹茶粉和砂糖以打蛋器攪拌均勻。
❷ 鮮奶油煮沸，慢慢加入①混勻。
❸ 把一半的②倒入切碎的巧克力中混勻，倒入剩下的另一半繼續攪拌均勻，再以濾網過濾。
＊放入醬料瓶中備用。

巧克力醬

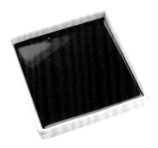

材料　完成分量約640g
┌ 鮮奶油　165g
└ 水　165g
┌ 可可粉　40g
└ 砂糖　90g
黑巧克力（可可成分55％）　180g

❶ 鮮奶油和水一起煮沸。
❷ 可可粉和砂糖以打蛋器充分攪拌均勻，慢慢加入①後確實拌勻。
❸ 把⅓量的②倒入切碎的巧克力中仔細混勻，再把剩餘的②分次加入，並攪拌均勻。
＊放入醬料瓶中備用。

椰子蛋白霜

材料　可一次大量製作
┌ 蛋白　250g
└ 砂糖　300g
┌ 粉糖　125g
└ 椰絲　125g

❶ 蛋白和砂糖混合，隔水加熱到50℃後打至九分程度。
❷ 粉糖和椰絲以粗網目的濾網過篩。
❸ 把②慢慢加入①，以橡皮刮刀拌勻。
❹ 依照用途選擇圓形擠花嘴擠出形狀，以90℃至100℃的烤箱約烤3小時，進行乾燥的動作。
＊放入裝有乾燥劑的密閉容器中保存。

糖漬漿果

材料　約900g的量
芒果泥　75g
百香果泥　50g
砂糖　50g　　水　125g
八角　½顆　　丁香　1個
香草棒　1根　　玉米粉　8g
覆盆子（冷凍）　450g
藍莓（冷凍）　150g

❶ 芒果泥和百香果泥、砂糖、水、八角、丁香、切開的香草棒一起煮沸，關火後蓋上蓋子燜30分鐘。
❷ 以濾網過濾，再次煮沸，玉米粉以適量的水（分量外）溶解後倒入鍋中，再一次煮沸。
❸ 覆盆子和藍莓不必解凍直接放入②拌勻，靜置冷卻。

草莓片

材料
草莓　適量　　海藻糖　80g　　水　120g
＊加入海藻糖可幫助水果維持原色並提味，而且較不易受潮變軟。

❶ 草莓切成1至2mm厚的薄片。
❷ 海藻糖和水混合，攪拌至溶解。
❸ 把①的草莓倒入②後開始加熱，一邊轉動鍋子加熱至70℃，立刻將鍋子底部浸泡在冰水中冷卻。
❹ 取出草莓片，排列在烘焙紙上，擦掉多餘的糖漿。
❺ 以80℃的烤箱烤3至5小時，進行乾燥的動作。烘烤途中，必須在草莓半乾程度時翻面。
＊放入裝有乾燥劑的密閉容器中保存。

糖漬黑櫻桃

材料　約900g的量
黑櫻桃（罐裝）　460g
黑櫻桃糖漿　220g
紅酒　190g　　砂糖　50g
柳橙皮　¼顆的量　　檸檬皮　¼顆的量
肉桂棒　½根
玉米粉　分量為湯汁的2.5%

❶ 將黑櫻桃糖漿、紅酒、砂糖、柳橙皮、檸檬皮、肉桂棒一起煮沸。
❷ 加入黑櫻桃再次煮沸後關火，直接靜置30分鐘，再以濾網過濾。
❸ 在湯汁中加入玉米粉，煮沸後會產生些微黏稠感，倒入黑櫻桃後靜置冷卻。

蘋果片

材料
蘋果（紅玉）　2顆
海藻糖　160g　　水　240g

❶ 蘋果連皮切成8等份的瓣狀，去除果核，以切片器削成1mm厚的薄片。
❷ 海藻糖和水一起煮沸，加入①的蘋果後再次煮沸，關火後靜置醃漬30分鐘。
❸ 瀝除糖漿，蘋果片不重疊地排列在烘焙紙上，擦掉多餘的糖漿。
❹ 以80至90℃的烤箱烤3至5小時，進行乾燥的動作。烘烤途中，必須在蘋果半乾程度時翻面。
＊放入裝有乾燥劑的密閉容器中保存。

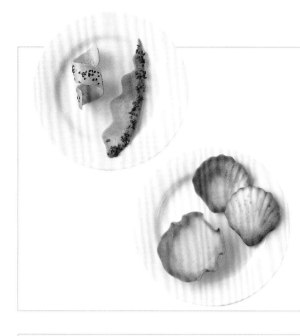

煙捲麵糊裝飾用薄餅配料

材料　麵糊約585g的量
無鹽奶油　130g
粉糖　150g
鮮奶油　20g
蛋白　125g
低筋麵粉　160g

❶ 奶油攪拌成髮蠟狀，加入粉糖以打蛋器拌勻，再加入鮮奶油。
❷ 慢慢加入蛋白混勻，再加入低筋麵粉，攪拌均勻。
❸ 放進冰箱冷藏30分鐘。
❹ 依照用途來塑型並烘烤。

裝飾用泡芙配料

材料　麵糊約600g的量
牛奶　100g
水　100g
無鹽奶油　90g
砂糖　4g
鹽　2g
低筋麵粉　110g
全蛋　約200g

❶ 把牛奶、水、奶油、砂糖、鹽倒入鍋中煮沸。
❷ 鍋子暫時離開爐火，加入低筋麵粉，以打蛋器迅速攪拌均勻。
❸ 讓鍋子回到爐火上，以中火加熱，並利用木杓用力攪拌3分鐘左右。當鍋底產生一層薄膜時，立刻讓鍋子離開爐火。
❹ 馬上倒入調理盆，以攪拌器低速攪拌。慢慢將全蛋一顆一顆加入，同時不斷地攪拌。完成時的麵糊硬度，是以木杓舀一匙往下倒時麵糊會整個迅速掉落，而殘留在木杓上的麵糊則呈三角形。為了製成如此硬度，必須斟酌增減全蛋的用量。
❺ 依照用途擠在烤盤上，放入烤箱中烘烤。

螺旋狀（左）
❶ 把泡芙麵糊倒入裝有口徑4mm圓形花嘴的擠花袋中，擠成直徑5cm的螺旋狀。
❷ 放入170℃的烤箱，在烤箱門微開的狀態下約烤20分鐘，避免麵糊烤得太過膨脹。

棒狀（中）
❶ 把泡芙麵糊倒入裝有口徑4mm圓形花嘴的擠花袋中，擠出10cm長的細條狀。
❷ 放入170℃的烤箱，在烤箱門微開的狀態下約烤20分鐘，避免麵糊烤得太過膨脹。烤好時會呈現自然的微彎形狀。

碗狀（右）
❶ 將直徑14cm的調理碗倒放在桌面上，外側塗一層薄薄的無鹽奶油，並撒上低筋麵粉（兩者皆為分量外）。
❷ 把泡芙麵糊倒入裝有口徑4mm圓形花嘴的擠花袋中。沿著碗底的圓形平面擠出一個圓圈，並在圓圈內等距擠出5條橫條紋。再從圓圈往碗的側面垂墜似地慢慢擠出重疊的橢圓形，最後在橢圓形的頂端分別擠一個小圓點。
❸ 放入170℃的烤箱，在烤箱門微開的狀態下約烤20分鐘，避免麵糊烤得太過膨脹，再讓調理碗和餅分離。

  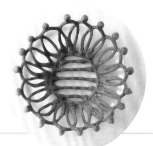

抹茶碎片

材料　麵糊約560g的量
無鹽奶油　100g　　砂糖　176g
全蛋　30g　　低筋麵粉　80g
抹茶　10g　　核桃　160g

❶ 把放在室溫下軟化的奶油和砂糖倒入調理盆，
以攪拌器攪拌均勻。
❷ 慢慢加入全蛋並混勻。
❸ 低筋麵粉和抹茶一起過篩後倒入調理盆，加入
切碎的核桃。
❹ 在烤盤上倒入麵糊至4mm厚左右，以170℃的
烤箱烤30分鐘左右。
❺ 冷卻後，以手剝成碎塊狀。

榛果餅底脆皮（右）

材料　餅底脆皮（約28cm×48cm）1片的量
餅底脆皮　1片　　澄清奶油（→P.147）5g
砂糖　50g　　榛果（去皮）　50g

❶ 在餅皮上以刷子塗上澄清奶油，撒滿砂糖和切
碎的榛果。
❷ 以噴霧器確實噴濕，放入120℃的烤箱約烤12
分鐘。冷卻後切割成適當的大小即可。
＊放入裝有乾燥劑的密閉容器中保存。

開心果餅底脆皮（左）
❶ 作法同「榛果餅底脆皮」（以開心果取代榛
果）。

巧克力奶油酥餅
（Chocolate Sablé）

材料　麵糊約600g的量
無鹽奶油　150g　　黑糖　150g
┌低筋麵粉　120g
│榛果粉　75g
│杏仁粉　75g
└可可粉　30g

❶ 把奶油攪拌成髮蠟狀，加入黑糖拌勻，再加入
粉類攪拌均勻，放進冰箱冷藏1小時。
❷ 在烤盤上倒入麵糊至4mm厚，以170℃的烤箱
約烤30分鐘。
❸ 依照用途來處理，例如切碎後裝飾使用。

焦糖榛果

材料　約260g的量
砂糖　60g
水　18g
榛果（整顆、去皮）　200g

❶ 砂糖和水倒入鍋中，加熱至115℃。
❷ 關閉爐火，倒入榛果。以木杓不斷攪拌直到糖
漿開始結晶，並且讓榛果一顆一顆分開不相
黏。
❸ 以中火加熱，持續攪拌直到每顆榛果都沾滿焦
糖。
❹ 攤放在烘焙紙上，立刻以叉子分離每一顆榛
果，靜置冷卻。
＊放入裝有乾燥劑的密閉容器中保存。

牛軋糖

材料　約150g的量
砂糖　100g　碎杏仁顆粒　50g

❶鍋子置於瓦斯爐上開中火，倒入砂糖，並均勻地分散在鍋底成薄薄一層，當砂糖溶解呈半透明狀時，將全部的砂糖倒入混合均勻，全部溶解後就會出現焦黃色的焦糖。
❷加熱到整體冒出氣泡時，倒入碎杏仁顆粒，攪拌均勻。
❸把②倒在烘焙紙上，上面再蓋另一張烘焙紙，以擀麵棍擀成薄片狀，直接靜置冷卻。
❹切成3mm的丁狀。
＊放入裝有乾燥劑的密閉容器中保存。

糖漬白木耳

材料　約300g的量
白木耳　20g
砂糖　75g
水　250g
茴香酒（利口酒）　20g

❶把白木耳泡在水（分量外）中1小時，膨脹後切成一口大小。
❷砂糖水煮沸，加入①再次煮沸時倒入茴香酒。
❸靜置冷卻後醃漬一晚。

脆糖開心果（左）

材料　約160g的量
砂糖　100g　水　30g
開心果　30g

❶砂糖和水倒入鍋中加熱至115℃，離開爐火後加入開心果，以木杓充分拌勻。
❷當開心果沾滿糖而變白時，平攤在烤盤上，以160℃的烤箱約烤10分鐘，靜置冷卻。
＊放入裝有乾燥劑的密閉容器中保存。

粉紅脆糖杏仁粒（右）

❶作法同「脆糖開心果」（但製作糖漿時必須以紅色食用色素染成粉紅色）。

糖漬枸杞

材料　約250g的量
砂糖　80g
水　150g
柳橙皮　⅛顆的量
枸杞　25g

❶砂糖和水、柳橙皮一起煮沸。
❷加入枸杞，再次煮沸時關火。
❸靜置冷卻後醃漬一晚。

糖漬柳橙皮

材料　柳橙1顆的量
柳橙皮（去除果皮的白色部分）　1顆的量
砂糖　100g
水　100g

❶ 柳橙皮切成1至2mm寬的細絲，以稍多的水量
（分量外）煮至熟軟。
❷ 砂糖和水煮沸，加入①的柳橙皮，再次煮沸時
關火，直接靜置醃漬入味。

覆盆子法式棉花糖

材料
砂糖　230g　　轉化糖　170g
覆盆子泥　150g
水　35g　　吉利丁片　15g　　檸檬酸　2g

❶ 先將吉利丁泡水溶解，接著除了檸檬酸以外的
全部材料，煮到白利糖度變成67%brix，加入
檸檬酸，並以濾網過濾。
❷ 把①攪拌打發至稍微出現尖角的程度。
❸ 在方盤上撒粉糖（分量外），以花嘴擠出所需造
型。
＊水滴造型→以口徑10mm的圓形花嘴擠成直徑
3cm的水滴狀。
＊螺旋造型→以口徑8mm的圓形花嘴擠成直徑
5cm的螺旋狀。
❹ 直接靜置一晚，最後撒上粉糖。

巧克力片

巧克力片（圓形）

巧克力調溫

材料　約30cm×40cm　1片的量
黑巧克力　100g
（可可成分55%）

❶ 巧克力進行調溫的動作，倒在防潮玻璃紙或巧克力墊（具凹凸等紋路）上，以L型抹刀抹成薄片狀。

❷ 為了避免空氣滲入，從上面覆蓋另一張防潮玻璃紙，以刮板推成約1mm厚的薄片。

❸ 直接放置在室溫（大約15℃至20℃）中凝固。

❹ 撕開玻璃紙，依照用途進行切割，或以模具裁切外型。使用模具時，可先利用瓦斯噴槍加熱模具的切邊。

＊在15℃至20℃的室溫下約可保存3個月左右（夏天氣溫超過30℃時，必須裝入密閉容器並放在冰箱冷藏以免受潮）。

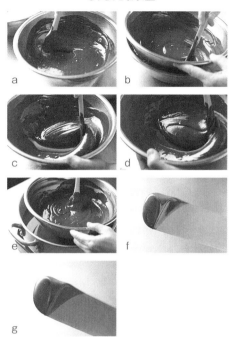

材料　直徑約3cm　100片的量
黑巧克力　100g
（可可成分55%）

❶ 巧克力進行調溫的動作，倒入玻璃紙捲成的擠花袋內。

❷ 在防潮玻璃紙或巧克力墊上擠出直徑1cm的巧克力。

❸ 蓋上防潮玻璃紙，利用平底的模具從上面按壓成薄圓形，調整力道的大小可製作出些微的差異。

❶ 巧克力切碎後倒入調理盆，以隔水加熱的方式溶解巧克力（a），並將溫度調整為50℃。

❷ 把①的盆底浸泡在冰水裡，以木杓攪拌均勻。由於巧克力會從邊緣開始凝固，因此攪拌時要從邊緣向下刮，並持續攪拌（b）。

❸ 當盆底的巧克力開始凝固，即使以木杓攪拌也看不見盆底時，就讓調理盆離開冰水，擺在桌面上繼續攪拌（c）。除了盆底、邊緣以外的部分溫度較高，所以巧克力仍處於溶解的狀態。

❹ 重複②至③數次，讓巧克力的溫度降為28℃至29℃，變成有點濃稠且快凝固的狀態（d）。

❺ 如果溫度持續下降巧克力會逐漸凝固，所以再次隔水加熱並仔細攪拌均勻（e），等加熱到30℃至32℃後即可開始使用。

＊如果沾在刮刀尖端的巧克力（f）順利凝固（g），調溫動作便完成。

＊以上溫度為使用黑巧克力的情況，依巧克力的種類不同可能出現些微差異。若使用牛奶巧克力必須降溫為27℃至28℃，並在⑤再次加熱到29℃至30℃。使用白巧克力則要在④降溫為26℃至27℃，而在⑤再次加熱至27℃至29℃。

＊製作溫度有可能因為可可成分的含量、品牌或狀態等而出現變化，所以本書所標示之溫度純為參考值，實際製作時請依盆底巧克力的凝固狀況來加以判斷。

＊進行調溫時最少需要使用到200g的巧克力。

＊雖然調溫的方法有很多，但在一般的家庭廚房內製作時，如上述般將調理盆底浸泡在冰水的作法最為方便。

＊調溫後所用剩的巧克力，可在下次調溫時再混入使用，混合的用量約為一半左右。

基本材料

香緹鮮奶油（Crème Chantilly）

基本分量　約100g的量
鮮奶油（乳脂成分45%）　100g
砂糖　8g

❶鮮奶油和砂糖倒入調理盆，以攪拌器中高速打發。如果使用打蛋器，攪拌打發時則必須將盆底浸泡在冰水裡。
＊打發六分程度：呈現輕微的濃稠狀態。
＊打發七分程度：雖然產生大量泡沫，但一撈起會立即滑落。
＊打發八分程度：可產生柔軟的尖角，最終裝飾時請使用八分程度的香緹鮮奶油。
＊打發九分程度：可產生較挺立的尖角。

蛋白霜

基本分量
蛋白、砂糖　參照各食譜所標示的分量

❶把蛋白和少量的砂糖倒入調理盆，以中高速攪拌器打發。開始出現泡沫時轉為高速，出現大量泡沫後把剩下的砂糖全部倒入，然後繼續攪拌打發。
＊打發至八分程度：仍非常柔軟，舀一匙起來時尖角會馬上倒下消失。
＊打發到九分程度：充滿張力，舀一匙起來時只有尖角的最前端會稍微倒下。

蛋奶餡（Crème pâtissière）

基本分量　約280g的量
┌牛奶　200g
└香草棒　⅓根
┌蛋黃　35g
└砂糖　50g
低筋麵粉　18g

❶牛奶和切開的香草棒放入鍋中一起煮沸。
❷蛋黃和砂糖倒入調理盆，以打蛋器攪拌至有點泛白的程度。加入低筋麵粉後繼續拌勻。
❸把①倒入②拌勻，以濾網過濾後倒回鍋中。
❹以中火加熱，利用木杓不斷從鍋底往上翻攪煮至沸騰。雖然煮沸會立刻呈現黏稠且變硬，但繼續加熱1至2分鐘就會出現光澤，充滿彈性又非常柔軟，舀起來會很順地往下滑落。製作時請確實煮至如此狀態。

❺立刻倒入調理盆，緊密地蓋上保鮮膜，馬上將盆底浸泡到冰水裡儘速冷卻。
❻以打蛋器攪拌到恢復順滑狀即可開始使用。

卡士達鮮奶油醬（Crème Diplomate）

基本分量　約380g的量
蛋奶餡（→左側）　280g
鮮奶油（乳脂成分45%）　100g

❶以打蛋器將蛋奶餡攪拌至柔滑狀。
❷將鮮奶油打發至九分程度。
❸把①和②混合均勻。

杏仁奶油醬（Crème d'amandes）

基本分量　約575g的量
無鹽奶油　150g
粉糖　150g
全蛋（室溫）　125g
杏仁粉　150g

❶奶油和粉糖倒入調理盆，以攪拌器低速攪拌均勻。
❷大致拌勻時改為中速，並慢慢加入全蛋拌勻。
❸倒入杏仁粉後繼續攪拌，只要整體混合均勻即可。
❹放在冰箱冷藏1小時即可使用。
＊冷藏可保存5天。

海綿蛋糕

基本分量　直徑18cm×高5cm圓形模具1個的量
┌全蛋　135g
│蛋黃　15g
└砂糖　90g
┌無鹽奶油　18g
└牛奶　18g
低筋麵粉　90g

❶全蛋和蛋黃、砂糖倒入調理盆，以隔水加熱的方式利用攪拌器拌勻。
❷當盆內材料的溫度變得和人體肌膚表面一樣熱時，停止隔水加熱，並以攪拌器高速打至柔滑狀，確實地打發。
❸奶油和牛奶一起加熱，讓奶油溶化。
❹把低筋麵粉慢慢加入②，同時以橡皮刮刀仔細攪拌均勻。
❺先將少量的④加入③拌勻，再把此混合物倒回④攪拌均勻。
❻倒入圓形模具中，以160℃的烤箱約烤40分鐘。

塔皮（Pâte sucrée）

基本分量　麵團約1145g的量
無鹽奶油　300g
粉糖　180g
全蛋（室溫）　90g
┌ 低筋麵粉　500g
└ 杏仁粉　75g

❶ 把恢復室溫、攪成髮蠟狀的稍硬奶油和砂糖倒入調理盆，以中低速的攪拌器攪拌均勻。
❷ 拌勻後，將全蛋分3至4次慢慢加入攪拌均勻。
❸ 加入粉類繼續拌勻，只要整體混合即可，麵團稍粗糙也沒關係，不要過度揉麵。
❹ 以保鮮膜包覆，放入冰箱至少冷藏1小時。
❺ 依照用途擀成一定的厚度，再進行塑型及烘烤。
＊塔皮為酥脆的甜味揉製派皮。

派皮（Pâte Brisée）

基本分量　麵團約460g的量
無鹽奶油　125g
低筋麵粉　250g
┌ 蛋黃　20g
│ 砂糖　10g
│ 鹽　4g
└ 冷水　50g

❶ 奶油切成1cm的丁狀，放在室溫下讓奶油軟化到以手指就能壓碎，但還能保持稍硬方形的程度。
❷ 把低筋麵粉和①的奶油倒入調理盆，以攪拌器低速攪拌到鬆散狀。
❸ 蛋黃和砂糖、鹽、冷水拌勻。
❹ 把③一口氣倒入②，拌勻並整理成麵團。
❺ 以保鮮膜包覆，放入冰箱至少冷藏1小時。
❻ 依照用途擀成一定的厚度，進行塑型及烘烤的動作。
＊派皮是一咬即碎的微甜餅皮。
＊以手揉製時，必須在步驟②將低筋麵粉和奶油倒入調理盆，先以刮板仔細切拌均勻，再以雙手揉捏至整個麵團感覺不油膩的細緻狀態。之後的作法和上述步驟相同。

千層酥皮（Pâte feuilletée）

基本分量　麵團約605g的量
┌ 冷水　125g
│ 已溶解的無鹽奶油　35g
└ 鹽　5g
┌ 高筋麵粉　125g
└ 低筋麵粉　125g
無鹽奶油（摺疊麵皮用）　190g

❶ 把溶化的奶油倒入冷水，以打蛋器快速攪拌均勻，加入鹽巴，繼續拌勻。
❷ 粉類和①倒入調理盆，以攪拌器低速拌勻，只要整體能揉捏成團即可。
❸ 將麵團倒在工作台上並稍微整理，以保鮮膜包覆，在冰箱冷藏1小時。
❹ 以擀麵棍敲打摺疊用奶油（要使用時再從冰箱取出），壓成15cm的方形。
❺ 把③的麵團擀成26cm的方形，接著將④的奶油分散鋪在上面。拉住麵皮的四個角往中央摺疊，確實包住奶油。以擀麵棍擀壓，讓麵皮和奶油融合在一起。
❻ 擀開後摺三褶（從麵皮的兩端分別向中央摺入⅓），將麵皮水平旋轉90度，再次擀開後同樣摺三褶。撒上適量的手粉（高筋麵粉·分量外）。放入冰箱冷藏1小時。之後重複相同步驟兩次。
❼ 依照用途將麵團擀成所需厚度，並進行塑型及烘烤的動作。
＊千層酥皮是將奶油摺進層次內的派皮。
＊可冷凍保存，移至冰箱冷藏室解凍後即可使用。

澄清奶油（酥油）

基本分量
無鹽奶油　適量

❶ 波爐加熱溶解奶油，稍微放置會馬上分離成兩層，之後直接放入冰箱冷藏凝固。
❷ 凝固之後，上層即可當成澄清奶油來使用。
＊100g的奶油約可取得80g的澄清奶油。

蘭姆葡萄乾

基本分量
葡萄乾　100g　　深色蘭姆酒　100g　　水　50g

❶ 材料放入調理盆後覆蓋保鮮膜，隔水加熱15分鐘。
＊可冷藏保存一個月左右。

濃縮咖啡

基本分量
砂糖　150g　　即溶咖啡（粉狀）　30g
水　45g　　咖啡（沖泡濃一些）　150g

❶ 砂糖和水加熱至190℃，依序加入沖泡好的咖啡和即溶咖啡粉，靜置冷卻。

主要材料分類 INDEX

● 本書所使用主要的材料，依「水果」「蔬菜・香草」「堅果・橄欖・芝麻」「豆類」「巧克力」「乳製品」「米・西米」「咖啡・茶」「麵團・麵糊・麵包」「酒類」「其他」的順序分類整理如下（本單元省略極為一般性的材料）。

烘焙 良品 06

163道五星級創意甜點
為全家大小設計的四季點心

作　　者／橫田秀夫
譯　　者／夏淑怡
發 行 人／詹慶和
總 編 輯／蔡麗玲
編　　輯／林昱彤・蔡毓玲・詹凱雲・劉蕙寧・黃璟安・陳姿伶
美術編輯／陳麗娜・李盈儀・周盈汝
出 版 者／良品文化館
發 行 者／雅書堂文化事業有限公司
郵撥帳號／18225950　戶名：雅書堂文化事業有限公司
地　　址／新北市板橋區板新路206號3樓
電　　話／(02) 8952-4078
傳　　真／(02) 8952-4084
網　　址／www.elegantbooks.com.tw
電子郵件／elegant.books@msa.hinet.net

2011年9月初版一刷
2014年8月二版一刷　定價／580元

發 行 者／土肥大介
攝　　影／渡邊文彥
編　　輯／橫山せつ子
設　　計／筒井英子

Kashi Kobo Oakwood Yokota Hideo no Idea Dessert 163
Copyright © 2010 Hideo Yokota
Chinese translation rights in complex characters arranged with
SHIBATASHOTEN Co., Ltd.
through Japan UNI Agency, Inc., Tokyo and KEIO CULTURAL
ENTERPRISE CO., LTD. Taipei

總 經 銷／朝日文化事業有限公司
進退貨地址／235新北市中和區安街15巷1號7樓
電　　話／(02) 2249-7714
傳　　真／(02) 2249-8715

＊橫田秀夫與菓子工房Oakwood工作人員

國家圖書館出版品預行編目(CIP)資料

163道五星級創意甜點：為全家大小設計的四季點心 /
橫田秀夫著；夏淑怡譯.
-- 二版. -- 新北市：良品文化館出版：雅書堂文化發行,
2014.08
　面；　公分. -- (烘焙良品 ;06)
　ISBN　978-986-5724-02-3 (精裝)
1.點心食譜
427.16　　　　　　　　　　　　　　　103000051